［絵とき］
植物生理学入門
Plant Physiology

改訂3版

山本 良一 [編著]

曽我 康一＋宮本 健助＋井上 雅裕 [共著]

Ohmsha

本書を発行するにあたって，内容に誤りのないようできる限りの注意を払いましたが，本書の内容を適用した結果生じたこと，また，適用できなかった結果について，著者，出版社とも一切の責任を負いませんのでご了承ください．

本書は，「著作権法」によって，著作権等の権利が保護されている著作物です．本書の複製権・翻訳権・上映権・譲渡権・公衆送信権（送信可能化権を含む）は著作権者が保有しています．本書の全部または一部につき，無断で転載，複写複製，電子的装置への入力等をされると，著作権等の権利侵害となる場合があります．また，代行業者等の第三者によるスキャンやデジタル化は，たとえ個人や家庭内での利用であっても著作権法上認められておりませんので，ご注意ください．

本書の無断複写は，著作権法上の制限事項を除き，禁じられています．本書の複写複製を希望される場合は，そのつど事前に下記へ連絡して許諾を得てください．

出版者著作権管理機構
（電話 03-5244-5088，FAX 03-5244-5089，e-mail：info@jcopy.or.jp）

JCOPY ＜出版者著作権管理機構 委託出版物＞

改訂3版　はじめに

　本書「絵とき　植物生理学入門」が出版されてから30年近くが経とうとしています．この本はすでに改訂されて2版が出版されています．この間に植物生理学は急速な発展を遂げてきました．そこで学問の発展に即して版を改めることにいたしました．植物生理学は植物の生命，生活を理解することを目的とした学問です．この学問は直接に役に立つことだけを目指したものではありません．基礎学問の一つです．基礎学問ではありますが，その成果によって，植物に関係した学問の発展や植物を利用する産業に大きな影響を与えていることは事実です．この進歩は植物生理学の大系全体としての進歩が基礎となっています．

　本書は植物の光合成と代謝，発生と形態形成，生命と生活にかかわる環境，成長と植物ホルモン，栄養の分野について解説しました．これらの現象は植物体内で起こる生化学反応によって裏打ちされています．生化学反応は酵素が担い，さらに酵素は遺伝子から作られます．原因の遺伝子や酵素を特定すれば問題を解明する糸口がえられますが，諸現象は相互に有機的に関係しています．酵素や遺伝子を特定するだけでは十分ではありません．事象間の関係や器官における相互作用などについての広い視点や知識が重要になります．本書はこの点にも留意して編集しましたので，全体を通して読んでいただくことをお勧めします．

　地球上のほとんどの生物は，植物の作る有機物を栄養として生きています．人間もその中に入ります．植物をよりよく理解することは我々の世界を幸せに保つためであるといっても過言ではありません．いま地球は温暖化しています．二酸化炭素濃度と地球の温度はともに上がっていて相関があります．人間が作り出した二酸化炭素が原因であるといわれています．二酸化炭素が増えると植物はそれをより利用，吸収することになります．植物は二酸化炭素濃度の上昇を防ぐ働きがあります．さらにもう一つ大き

な役割があります．植物の多い地域では蒸散による水の蒸発が多く雨も多くなります．植物の少ない乾燥地帯では土壌の水分が失われやすく砂漠化が進みます．温暖化によって気候の極端化が進むことになるでしょう．植物はこの極端化を防ぐ働きがあります．このように植物は地球上の食環境や住環境に大いなる影響を持っています．地球上に住んでいる我々の生存の持続や将来の発展は植物に依存しています．

　本書は，植物生理学の第一線で研究と教育にたずさわってきた曽我康一，宮本健助，井上雅裕の3氏が，最新の情報について，図を多用し，できるだけ簡素に表現し，大学生や専門学校の皆さんや植物を活用されている多くの皆さんを対象として執筆・改訂したものです．大いに利用していただければ幸せです．

　本書の出版に際して終始お世話になったオーム社出版部の皆さんに厚く御礼を申し上げます．

平成28年10月

山本良一

目　次

第1章　植物生理学とは

1.1　植物とその生理現象 …………………………………… 1
1.1.1　植物と人間　*2*
1.1.2　植物生理学の誕生　*3*
1.1.3　農学との関係　*4*

1.2　植物生理学という学問 ………………………………… 5
1.2.1　光合成と代謝　*5*
1.2.2　発生と形態形成　*6*
1.2.3　環　境　*7*
1.2.4　成長と植物ホルモン　*7*
1.2.5　栄　養　*8*

1.3　植物生理学の将来 ……………………………………… 8

第2章　光合成と代謝

2.1　光合成 …………………………………………………… 11
2.1.1　太陽エネルギーと光合成　*11*
2.1.2　葉の内部をのぞく　*13*
2.1.3　流れ込む二酸化炭素　*17*
2.1.4　陽葉と陰葉　*18*
2.1.5　葉緑体と核　*20*

2.2 光による反応 …………………………………… 22

- 2.2.1 葉緑体　*22*
- 2.2.2 クロロフィル　*23*
- 2.2.3 光化学反応の仕組み　*29*
- 2.2.4 炭酸固定の反応　*30*
- 2.2.5 C_4植物　*33*
- 2.2.6 C_3植物とC_4植物の比較　*34*
- 2.2.7 CAM植物　*37*
- 2.2.8 環境要因と光合成量　*39*

2.3 呼吸とエネルギー利用 …………………………… 42

- 2.3.1 代　謝　*42*
- 2.3.2 呼　吸　*44*
- 2.3.3 エネルギーの通貨ATP　*45*
- 2.3.4 糖の分解－解糖系－　*47*
- 2.3.5 クエン酸回路　*49*
- 2.3.6 電子伝達　*50*
- 2.3.7 脂肪やタンパク質からもATPができる　*52*
- 2.3.8 呼吸の調節　*53*
- 2.3.9 アミノ酸の合成　*54*
- 2.3.10 芳香族化合物の合成　*55*
- 2.3.11 テルペン類の合成　*56*
- 2.3.12 ポルフィリン　*58*
- 2.3.13 核酸の合成　*59*
- 2.3.14 タンパク質の合成　*62*
- 2.3.15 多糖の合成　*63*
- 2.3.16 細胞壁の合成　*65*

第 3 章　発生と形態形成

■ 3.1　発生と成長 …………………………………………… 67

　3.1.1　成長のパターン　*67*
　3.1.2　極　性　*69*
　3.1.3　生　殖　*70*
　3.1.4　植物の発生　*70*
　3.1.5　種子の休眠　*72*
　3.1.6　発　芽　*75*
　3.1.7　器官の発生　*76*
　3.1.8　頂芽優勢　*78*

■ 3.2　開　花 ……………………………………………… 79

　3.2.1　光周性と開花　*79*
　3.2.2　光受容体　*81*
　3.2.3　短日植物と長日植物　*83*
　3.2.4　花成ホルモン　*87*
　3.2.5　花芽誘導に関与する物質　*90*
　3.2.6　遺伝子　*90*

■ 3.3　組織培養 …………………………………………… 92

　3.3.1　歴　史　*92*
　3.3.2　胚と不定胚　*93*
　3.3.3　プロトプラスト　*93*
　3.3.4　カルス　*94*
　3.3.5　葯培養　*95*
　3.3.6　遺伝子導入　*96*

第4章 環　　境

- **4.1 植物の運動** ……………………………………………………… 101
    - 4.1.1 内生リズム運動　*102*
    - 4.1.2 屈　性　*104*
    - 4.1.3 傾性と膨圧運動　*105*
    - 4.1.4 気孔の運動　*108*
    - 4.1.5 走　性　*109*

- **4.2 信号の伝達** ……………………………………………………… 110
    - 4.2.1 環境信号による形態形成　*110*

- **4.3 植物ホルモンによる信号伝達** ………………………………… 111
    - 4.3.1 植物ホルモン受容体　*111*
    - 4.3.2 植物ホルモンの輸送　*115*

- **4.4 光** ………………………………………………………………… 116
    - 4.4.1 光形態形成　*116*
    - 4.4.2 光と発芽　*124*
    - 4.4.3 光屈性　*125*
    - 4.4.4 葉緑体光定位運動　*126*
    - 4.4.5 クリプトクロームと光形態形成　*127*

- **4.5 水** ………………………………………………………………… 127
    - 4.5.1 水吸収における根の働き　*127*
    - 4.5.2 水の吸収と水チャンネル　*129*
    - 4.5.3 維管束の働き　*129*
    - 4.5.4 木部の中の水の流れ　*130*
    - 4.5.5 水の凝集力　*131*

4.5.6　気孔は蒸散流の出口　*132*

4.5.7　蒸散は避けられない弊害　*133*

4.5.8　水ストレス　*133*

4.5.9　篩部を通る物質の移動　*134*

4.5.10　物質の転流　*135*

4.5.11　ソースとシンク（基本原理）　*137*

4.6　温　度 … 138

4.6.1　植物の生活と温度　*138*

4.6.2　適応と耐性　*144*

4.6.3　春化とその機構　*150*

4.6.4　紅葉と黄葉　*154*

4.7　重　力 … 158

4.7.1　重力屈性　*158*

4.7.2　重力受容　*159*

4.7.3　微小重力環境下の植物　*161*

4.7.4　過重力環境下の植物　*163*

4.8　生体防御 … 164

4.8.1　病原体の感染経路　*164*

4.8.2　植物の防御システム　*165*

4.8.3　ファイトアレキシンとサプレッサー　*167*

4.8.4　生体防御を誘導する植物ホルモン　*168*

第 5 章　成長と植物ホルモン

5.1　水ポテンシャル …………………………………… 169

5.1.1　細胞の成長　*169*

5.1.2　細胞成長パターンを決める微小管の働き　*170*

5.1.3　浸透圧　*171*

5.1.4　浸透圧と溶質濃度　*171*

5.1.5　浸透圧と吸水力　*173*

5.1.6　水の蒸発　*174*

5.1.7　水ポテンシャルとは何か　*175*

5.2　細胞壁の構造と細胞壁伸展 …………………………………… 177

5.2.1　細胞壁の意義　*177*

5.2.2　細胞壁の役割　*178*

5.2.3　細胞壁の力学的性質の変化　*179*

5.2.4　細胞壁の化学的性質　*180*

5.3　植物ホルモン …………………………………… 184

5.3.1　植物ホルモンの働き　*184*

5.3.2　植物ホルモンとは　*184*

5.3.3　オーキシン　*185*

5.3.4　ジベレリン　*193*

5.3.5　気体のホルモン－エチレン－　*199*

5.3.6　サイトカイニン　*204*

5.3.7　分化全能性　*208*

5.3.8　アブシシン酸　*209*

5.3.9　ブラシノステロイド　*213*

5.3.10　ジャスモン酸類　*217*

5.3.11　障害応答と病害応答による全身獲得抵抗性　*219*

5.3.12　ストリゴラクトン　*220*
5.3.13　成長調節剤や除草剤の作用　*224*

第 6 章　栄　　　養

6.1　無機物質 ……………………………………………………… 227
6.1.1　必須元素とその他の重要元素　*227*
6.1.2　元素の生理作用と欠乏症　*228*
6.1.3　土壌の主成分ケイ素とアルミニウム　*231*
6.1.4　無機物質の移動，膜輸送　*233*
6.1.5　無機塩類の吸収と土壌　*233*
6.1.6　土壌液の水素イオン濃度（pH）　*234*

6.2　塩分ストレスと重金属ストレス ……………………………… 234
6.2.1　塩分ストレス　*234*
6.2.2　カリウムとナトリウムの輸送体　*235*
6.2.3　無機イオンの輸送タンパク質　*236*
6.2.4　重金属ストレス　*238*
6.2.5　重金属耐性　*239*

6.3　無機元素の代謝 ………………………………………………… 241
6.3.1　窒素栄養　*241*
6.3.2　窒素固定　*242*
6.3.3　微生物との共生　*243*
6.3.4　窒素の代謝　*244*
6.3.5　イオウとリンの輸送と代謝　*245*

索引 ………………………………………………………………………… 247

第1章 植物生理学とは

1.1 植物とその生理現象

　私たちの周囲には，いろいろな植物が育ち，四季折々の顔を見せてくれる．庭の草花，部屋の中の鉢植え，外へ出ると街路樹，公園の花壇や樹木，そして野や山に大小の植物が繁っている．ましてや私たちの食料は植物由来である．穀物や野菜はもちろんのこと肉や魚も植物由来のえさを食べた動物由来である．私たちの生活はこれらさまざまな植物なしには考えられない．

　植物は，大きさも，形も，色も，千差万別である．そして，植物の多彩さは土地によっても異なる．たとえば，北海道では針葉樹が多く，南九州や沖縄では熱帯植物が多い．南北に長い日本は，山も多く，植物の種類の豊富さでは世界有数といえる．植物を見ると，私たちはその土地が日本のどのあたりか想像できるくらいである．

　よく見ると，これら多彩な植物にも一定の共通する特徴がある．まず，構造の上では，すべての植物には，茎（幹），葉，根があり，そして季節によって花を咲かせ，実を結ぶ．縦に長いとか，短いとか，あるいは枝がよく繁っているなど，いろいろな特徴をもつが，すべての植物は，茎，根という主軸をその構造の基本としてもっており，軸の先端では新しい細胞をつくるので，軸の先端に近いほど若く，基部に近いほど老化し，軸に沿った齢の勾配が形成されている（**図 1・1**）．このことが，分化や物質の移動，環境に対する植物の反応などにおいて重要な意味をもっている．

　生理的機能の面から見ると，植物は根から水や無機塩類を吸収し，緑色の葉では，太陽の光エネルギーを利用して二酸化炭素を吸収・固定して光合成を営み，酸素を放出する．獲得したエネルギーを使って植物は有機化合物を生産する．よ

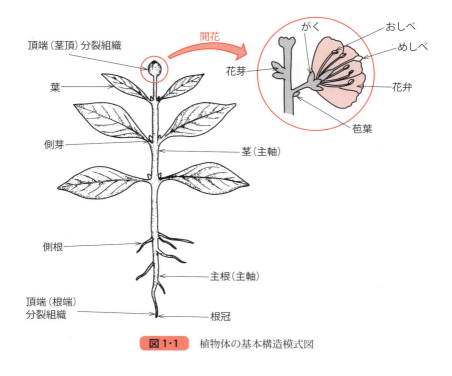

図1・1 植物体の基本構造模式図

り効率よくこのような機能を果たすために，植物は光や重力に反応して曲がったり形を変えたりする．

このように，植物は動物と異なる構造と機能を備えているわけである．顕花植物，隠花植物，シダ植物，コケ植物，あるいは被子植物と裸子植物，さらに単子葉植物と双子葉植物など，植物は多くの種類に分類されており，それぞれ構造も生活環も異なっている．本書では，これら個々の種類の植物の相違については考えず，原則として植物，とくに高等植物一般に共通する構造と生理的機能について論ずることにする．

1.1.1 植物と人間

人類は，およそ200万年前に地球上に出現したといわれている．人類の文明が発達し，今日では文明の高度化が過剰になって，人類の存在そのものがおびやか

されるようになった．しかし，人類の文明はもともと農耕による村や町など集団の発達によっており，人類の歴史は植物なしには論ずることができない．現在でも先進国と言われている国はほとんどが工業だけでなく農業も盛んである．

紀元前4世紀に，ギリシアの哲人アリストテレス（Aristoteles, BC384～322）は生物の中で植物を最も原始的なものと定義した．彼は植物を人間にたとえ，物質を摂取する根を人間の口に相当するものと考えた．基本的に同じような考えは18世紀に至るまで多くの人々がもっており，たとえばイギリスの牧師ヘイルズ（S. Hales, 1677～1761）は，植物体内の水液の流れは人間や動物の血流と同じものと考えた．彼は，植物における水液の流れは血圧と同じく圧力によって引き起こされるという前提に立って，ヘチマの根から水を押し上げる圧力を測定し，イヌやウマの血圧と比較した．

他方，同じ頃から植物のもつ特有の機能に気がつき，それについて研究した人々もいた．たとえば，植物が空気の浄化作用，すなわち酸素を発生することを発見したイギリスの牧師プリーストリ（J. Priestley, 1733～1804），植物の光合成や呼吸を見いだしたオランダ人のインゲンホウス（J. Ingenhousz, 1730～1799）らである．その後，スイスの植物学者ソシュール（N. T. Saussure, 1767～1845）は，植物が空気中から二酸化炭素を，土壌から窒素や塩類を吸収することを発見した．

こうして，人類は徐々に，植物を農業上利用するだけではなく，その生理学的な特徴についても注目するようになってきた．しかし，当時ドイツを中心としてヨーロッパでは，哲学が学問の中核であったため，物理学や化学と同じく，実証的な学問としての植物学はなかなか発展しなかった．

1.1.2 植物生理学の誕生

19世紀の中頃に至り，ドイツでザックス（J. Sachs, 1832～1897）が初めて植物生理学という学問分野を打ち立てた．ザックスは，初めチェコスロバキアの動物学者J. E. プルキンエ（J. E. Purkinje, 1787～1869）に動物学を学んだが，のちに植物に興味をもつようになった．ザックスの初期の研究で，その後の植物学，農学の発展に著しく寄与したのは，いわゆる水耕法の発明である．植物を土壌で育てる代わりに，いろいろな無機塩類を溶かした水溶液中に根を浸して育て

るというもので，これによって植物がどのような無機塩類をどの程度の量必要とするかが調べられる．水耕法は，その後多くの人々に利用され，また，植物における無機栄養についての理解が深まった．とくに，植物がある種の微量元素を必要とするという発見は，後の生理・生化学的研究に重要な手がかりを与えた．

また，ザックスは，デンプンが光合成によって生成されることも見いだした．彼はこのほか，植物の成長を定量的に測定する方法を考え出したりし，ここで初めて学問分野としての植物生理学が確立した．19世紀は物理学や化学などとともに植物学が哲学から独立し，科学の分野として学問になった世紀である．

ザックスは多くの弟子を育成したが，その中にはダーウィン (C. R. Darwin, 1809〜1882) の息子で植物学者のフランシス (F. Darwin, 1848〜1925)，あるいはメンデルの法則を再発見したオランダのド・フリース (H. de Vries, 1848〜1935) らがいる．このほか特記すべき人物として，ザックスの植物生理学の継承者としてペファー (W. Pfeffer, 1845〜1920) がいる．ペファーは，植物細胞の浸透現象を研究して浸透圧の原理を発見した．また，ペファーは植物の生理現象に関する多方面の研究を行い，植物の生理現象を物理化学的に理解しようと努めた．彼の研究には，植物の生理現象を植物にとどまらず，生命現象一般としてとらえようとしたところに，それまでの学問と異なった著しい特徴がある．このようなことから，ペファーはいわば近代科学としての植物生理学をつくりあげた始祖といえるだろう．欧米や日本の初期の植物生理学者たちは，ほとんどペファーのもとで学ぶためライプチヒに留学した．したがって，世界各国における現代の植物生理学はペファーに負うところが非常に大きいといえる．わが国で植物学の研究を始め，多くの門下を育成した三好学 (1862〜1939) や柴田桂太 (1877〜1949) もライプチヒでペファーに学んだ．

1.1.3 農学との関係

19世紀のドイツの化学者リービッヒ (J. F. Liebig, 1803〜1873) はフランスで化学を学び，帰国後，ドイツに初めて近代化学をもち込んだ人である．彼は後年，作物の肥料に興味をもち，人工肥料の研究を行った．この農芸化学的研究は植物の栄養に関するもので，植物生理学に重要な影響を与えた．

現在でも，農業の発達には遺伝学などのほか，植物生理学も大いに役立っており，また反対に，農学や園芸の研究は植物生理学に多くの研究すべき素材を提供している．このように，農学と植物生理学，あるいは園芸学と植物生理学とは切っても切れない関係にあり，双方の分野の発展に相互に寄与している．

1.2　植物生理学という学問

初めに述べたように，植物は遺伝的な背景のもとで特有の構造と機能をもっている．また，植物はその生活を一か所に固定して営んでいるので，光など環境要因の影響を受けやすく，その軸性構造がこれに対応している．そして，植物は光合成など特有の生理的機能をもち，特有の形態形成，すなわち成長・分化を示す．本書では以下のように，植物の生理的機能をできるだけ構造と結びつけながら，光合成と代謝，発生と形態形成，環境，成長と植物ホルモン，栄養に分けて論ずることにする．

1.2.1　光合成と代謝

光合成と代謝の代表である呼吸は植物が生きていく上での最も基本になる営みである．植物は光合成によって糖，デンプン，脂肪，アミノ酸，ビタミンなどの生活に必要な有機物質を合成し，それを，呼吸をはじめとした代謝で利用して生命活動を営む．緑色植物は有機物質に依存しない独立栄養生物である．人間を含めた従属栄養生物は植物のつくる有機物質を摂取して生きているので，植物はこれらの生物の生命を支えているのである．

光合成の仕組みは植物の種類によって異なる点もある．この違いは環境要因と関係があり，光が強く，温度の高い地域で生育している植物や，乾燥した高温の地域で生育する植物などでは，とくに二酸化炭素を固定する仕組みに違いが見られる．環境との問題として，最近では空気中の二酸化炭素の濃度が高まっている．基礎的な実験では二酸化炭素の濃度が高まると光合成能力は上がるのだが，実際の農産物の生産量が高まるのかどうかなどという植物生理学や農学の新たな問題も出てくる可能性がある．

このほか，植物は特有のタンパク質を合成し，あるいはアルカロイドなど，二次代謝産物をつくる．これによっても植物は人類など他の生物の生活と密接な関係をもっている．

1.2.2 発生と形態形成

植物は動物のように自由に移動ができない．環境が変化すればそれを甘んじて受け入れざるを得ない．環境が変化するときにその変化を感知しないと生きていけない．

植物は遺伝的に定められた固有の形態形成を行い，固有の生理的機能を果たす．植物のもつ遺伝的プログラムは環境要因によって左右されることになり，固有の形態や機能が発現したり，あるいはしなかったりする．遺伝子の発現が環境によって調節され，たとえば光を当てるか当てないかによって全く見かけの異なる植物になることとなる．そのほかにも季節の変化を感知して，花を咲かせる時期を知り，種子をつくる．これらの植物の発生と形態形成の仕組みを理解できると，植物をより役立つものにできる．植物に有用物質を多量につくるようにさせたり，適当な時期に花を咲かせて経済的に価値のある植物をつくり出したりもできる．これらに植物生理学の知見が活用される．

また，植物は動物と異なり，1個1個の細胞が条件によってはもとの個体にまで再生する能力を備えている．この条件とは主として植物ホルモンのバランスで，そのバランスによっては葉だけが再生したり，あるいは根だけが再生したりする．これらの器官や個体を再生する植物の能力を"分化全能性"（全形成能）（totipotency）とよび，その能力がどのように発揮されるか，すなわち，植物のもつ遺伝情報がどのように発現されるかは主として植物ホルモンの割合で決められる．植物のもつ特有の能力，すなわち分化全能性を利用したバイオテクノロジーは近年著しく発達している．これに対して動物のクローンをつくり出すことには現在でも困難が伴う．植物に外部から遺伝子を導入する方法がいくつか確立されつつあり，それも加えて植物を使う遺伝子研究には利点が多い．

1.2.3 環　境

　動物と比べると植物は著しく変わりやすい．たとえば，幼植物を暗所で育てると，丈はひょろ長く，葉は発達せず，色は黄白色となり緑色を示さない．光が当たると幼植物の丈はあまり伸びず，緑色の葉が発達する．これら暗所と明所で育った幼植物は同じ種類の植物であるにもかかわらず，一見してまったく別の種類の植物のようにすら見える．同じ光でも，植物は照射する光の波長によって異なった反応を示す．たとえば，波長の短い青い光を当てると，一般に成長が阻害され，一方向から当てると，植物は光の方向に曲がり，光屈性を示す．植物はまた，赤い光に敏感で，発芽したり，形を変えたりと，いろいろな反応を示す．

　植物はこのほかに，重力，温度，水分，ガスなど多くの環境要因の影響を受ける．また，植物は，発芽→栄養成長→加齢→生殖成長→種子形成という生活環を進めるためにも，低温や光など環境要因の刺激を必要とすることが多い．さらに，植物は不都合な環境に耐える機構も備えている．環境要因が植物に作用するとき，その刺激を仲介する物質が植物ホルモンである．異なる種類の植物ホルモンは複雑に相互作用しながら植物の形態形成を調節している．

　植物はまた，動物と同じく，生物時計とよばれる計時機構をもち，これが夜昼の長さや季節の変化と関係し，植物の発生や形態形成現象にかかわっている．

1.2.4　成長と植物ホルモン

　植物は細胞伸長と細胞分裂を経て成長・分化するが，このとき植物ホルモンが生体内外の環境条件のメディエーター（仲介者）として成長・分化を調節するために働いたり，環境の変化にともない修飾したりする．植物の発生・形態形成や環境応答と成長の問題は重複している側面が多い．

　ジベレリンは初め微生物から分離され，オーキシンは人尿と微生物から，サイトカイニンは動物起源の核酸から，ジャスモン酸はカビの培養濾液から得られた．エチレンはガス灯から見いだされた．このように今では植物ホルモンと認められている物質群ももとは植物に効果を示す物質として植物以外から見いだされたものが多い．これらの物質は後に植物からも単離同定され，植物ホルモンとよばれ

る資格を得た．アブシシン酸，ブラシノステロイドとストリゴラクトンは，もともと植物から見いだされた．さらに，植物から成長や環境応答に対して影響をもつ生理活性物質がみつかり，それらのいくつかは植物ホルモンの仲間に入ってくる可能性がある．

初めに述べたとおり，環境要因が植物に影響するとき，植物ホルモンがメディエーターとなって働くが，植物の成長調節はこれら植物ホルモンの単独で行われるよりも協同作用による場合が多い．植物ホルモンのすべてが発芽→栄養成長→加齢→生殖成長→死という生活環そのものの調節に協同して関与しているといっても過言ではない．植物ホルモンの協同作用，相互作用の全容は明らかではなく，複雑な様相を呈する．

1.2.5 栄　養

植物は水や無機塩類など必要な栄養を土壌から得ている．例外的に，二酸化炭素は気孔を通して空気から得るので，葉などに気孔が発達している．水耕法によって元素の必須性や役割が検討されてきた．ケイ素のように現在に至っても植物一般にとって必要であるのかどうかが明確になっていない元素もある．アルミニウムのように土壌の主成分でありながら成長に悪影響を及ぼす元素もある．

植物が成長するのに必要であり最も重要な元素が窒素である．窒素は空気中に豊富に存在するが植物は直接それを利用することができない．生物的あるいは無生物的につくられた硝酸塩やアンモニアが根から吸収されて利用される．

植物はバクテリアと協力することによって空気中の窒素を固定し，硝酸塩やアンモニアをつくる．植物の窒素を固定する能力は窒素を固定するバクテリアによる．根粒をつくる能力は，主としてマメ科が備えている．遺伝子工学を利用し，マメ科以外の植物にも窒素固定能を与えようという研究が現在進んでいる．

1.3　植物生理学の将来

地球上の人類の生存にとって植物が不可欠であることは論をまたない．その働きの恩恵を受けて人類は生存し，その社会と文明が発達してきた．ところが今や

高度に文明が発達し過ぎ，植物を含む自然の破壊が目に余るようになってきている．

　なるほど遺伝子工学によって遺伝子改変農作物がつくられ，新しい有用な植物が手に入るかも知れない．しかし，自然環境に適合した天然の植物のもつ生理的機能を無視して，人の力による人工的な植物だけで人類は果たして長い将来にわたって生存できるだろうか．何十年，何百年もの樹齢をもつ樹木が絶滅しても人類の生存に影響がないとは考えられない．遺伝子改変農作物を作成するためにも作成された農作物を理解する上でも植物生理学が必要となってくる．私たちは，もっと"植物"という私たちの生存を支える生物について多くのことを学ばなくてはならない．このような意味においても，植物生理学という学問が今後ますます重要になるし，また発展しなくてはならない．

第2章 光合成と代謝

2.1 光合成

　植物は葉の表面に分布している気孔を通じ大気中の二酸化炭素を吸収し，根から水を吸収する．これらは葉肉細胞の葉緑体に送り込まれ，植物は，クロロフィルがとらえた日光のエネルギーを利用して糖，デンプンなどの炭水化物を合成する．これが**光合成**であり，地球上において無機エネルギーが有機エネルギーに転化される最初の反応で，**炭酸同化**ともいう．

　細胞を構成しているタンパク質，核酸，脂質，細胞壁，貯蔵物質などは，すべて光合成産物と根から吸収された無機化合物を原料として合成される．このように光合成の結果，初めに生成された炭水化物は，新しい細胞の構築原料となるとともに成長のためのエネルギー源となる．

　地球上の純一次生産力（植物による光合成量から植物自身の呼吸量を差し引いた値）をシミュレートするモデルをもとに，1年間に固定される炭素の量として約 560 億トンという推定値が得られている．

2.1.1 太陽エネルギーと光合成

　光合成によって糖を生成するとき，化学エネルギーに変換されるのは葉に注がれる光エネルギーのわずか1％にすぎない（**図 2・1**）．1年間に地球に注がれる太陽エネルギー 5×10^{20} kcal のうち，約 1.5×10^{18} kcal（0.3％）だけが光合成に利用されるといわれている．この約 1.5×10^{18} kcal のエネルギーが約 560 億トンもの炭素を固定して化学エネルギーとして蓄えられる．

　葉内の二酸化炭素濃度はおよそ一定で，空気中の半分程度である．二酸化炭素濃度が葉内で低下すると気孔が開いて空気中の二酸化炭素を吸収する．地球表面

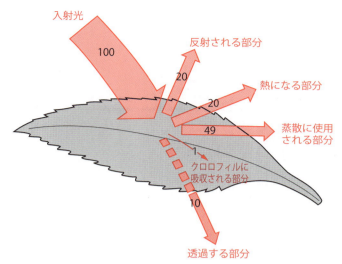

光合成に利用される光は入射光の 1/100 である.

図 2・1 光合成に利用される入射光の割合（荒木ら，1977 より）

近くの二酸化炭素は空気中の約 4/10,000 を占め（400ppm）＊，植物は 1 年間に地球上の二酸化炭素の約 1/35 を同化し消費する．しかし，地球上の二酸化炭素濃度は，火山ガスや，石油・石炭・天然ガスの使用による排気ガスによって生産されて増加の傾向をたどっており（**図 2・2**），これが地球の温暖化を引き起こしているといわれている．

光合成では，植物は水（H_2O）を還元剤として利用し，結果として H_2O は酸化され気体の酸素として空気中に放出される．光合成によって，二酸化炭素一分子あたり一分子の酸素ができる．

進化の道筋で，地球上のどこにでもある水を光合成の還元剤として利用するシステムをつくることに成功した植物は，それゆえに生存にきわめて有利であり，生活の範囲を飛躍的に拡大していったと思われる．

大気中に酸素が出現するまでは，地球表面には太陽から強い紫外線が到達し，海中から地表面に出た生物は紫外線が強いので死んでしまっただろう．光合成を

＊ 空気の組成は，窒素：78.03％，酸素：20.99％，アルゴン：0.93％，二酸化炭素：0.04％（400ppm），水素：0.01％ である．

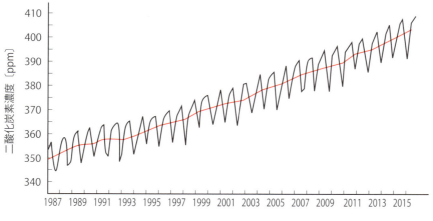

カーブの凹凸は，二酸化炭素濃度が北半球の植物によって吸収されるため，夏に減少し冬に増加することを示す．中央の線は一年毎の平均値．

図 2·2 気象庁観測点（綾里）における二酸化炭素濃度の経年変化

行う生物にとっては，放出された酸素は光合成の副産物，つまり還元剤の使いカスでしかなかった．しかし，大気中に酸素が出現すると紫外線によってオゾンがつくられ，生じたオゾンは紫外線を吸収して，地表が強い紫外線にさらされることを防ぐ結果となった．こうして，水中の生物は地表に進出することができ，今日の陸上生物の繁栄をもたらしたものと考えられる．

2.1.2 葉の内部をのぞく

葉という光合成器官は一般に薄いことが特徴である．葉のおおまかな構造は，点々と孔（気孔）の開いた袋（表皮組織）にボール（**葉肉細胞**）が詰め込まれ，茎からのパイプ（維管束）が入っているといったものである（**図 2·3**）．

表皮細胞の外面，つまり外気と接している側は**クチクラ層**（ロウに似た物質でできた被膜）で覆われている．クチクラ層は水蒸気をほとんど通さないので水分の蒸発が抑えられており，陸上で植物が水を多量に失うことなく生活していくのに役だっている．

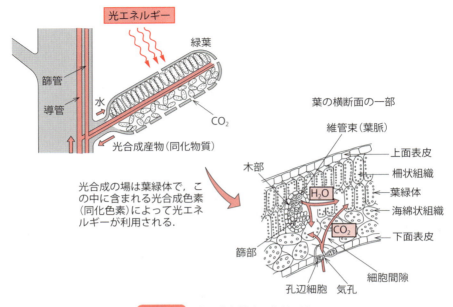

図 2・3 葉の内部構造と物質の流れ

　表皮には気孔がたくさん点在していて，気孔が開いているときには，ここからガスが出入りする．光合成による二酸化炭素の取込み，酸素の放出のほか，水蒸気もここから出ていく．しかも，これらの気孔は外界の条件に応じて開閉する仕組みをもっている（4.1.4 参照）．1 個の気孔の大きさは，数十 μm（1 μm は千分の 1 mm）であるが，トウモロコシを例にとれば気孔の数は個体当りほぼ 2 億個もある．これらがすべて全開の状態になれば，葉の表面積の 1.5% に達する．普通の植物では，気孔は葉の上面の表皮（つまり太陽の直射にさらされる面）では少なく裏面に多い（**図 2・4**）．トウモロコシなどの葉では無数の小さな気孔が平行脈に沿って並んでいる．気孔の数はストマジェンというペプチドの働きで増加し，逆に競合ペプチド（EPF2）の働きで減少する（**図 2・5**）．気孔の数は植物ごとに一定ではなく環境によっても変動する．

　葉肉の上の段（葉の上面の表皮に接している側で，太陽光の当たる側）には**柵状組織**という名のとおり，柵のような形をした細長い細胞が一層または二層，規則正しくぎっしりと詰まり，その下から下面の表皮までの間には，**海綿状組織**

2.1 光合成

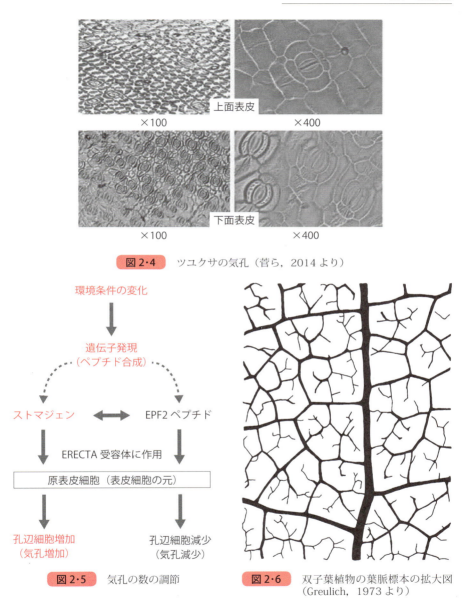

図 2·4　ツユクサの気孔（菅ら，2014 より）

図 2·5　気孔の数の調節

図 2·6　双子葉植物の葉脈標本の拡大図
（Greulich，1973 より）

細胞が細胞と細胞の間にたくさんのすき間をもって配置している．この細胞間のすき間は葉の中全体で互いにつながっており，これが気孔につながって外気に通

じている．つまり，気孔から入った二酸化炭素は葉肉内の個々の細胞へ速やかに拡散するのにたいへん都合のよい構造になっている．葉肉組織は柵状組織，海綿状組織ともに細胞内に葉緑体がぎっしりと詰まっており，光合成は主としてここで行われる．

　しおりやアクセサリー用として，木の葉の細かく網目状に走る葉脈だけを残して，これを赤や紫などの美しい色で染めた押葉が売られていることがある．この精巧な網目構造はさながら大都市の地下を走っている上水道・下水道の錯綜した網目を連想させるようである（図 2・6）．**葉脈**も実は葉の中にある水や物質の通り道，つまり，もとは根から始まり茎から葉へ入り枝分かれに枝分かれを重ねた**維管束**の一部なのである．これらの維管束は硬い繊維をもち，葉というペラペラで薄い組織を支える鉄筋の役割も果たしている．

　維管束は**木部**と**篩部**から成り立っている．木部には根から吸収した水や養分を葉の細胞へ供給する**導管**が存在し，篩部には葉でつくられた光合成産物を回収して他の部分へ送り出す**篩管**が含まれている．

　気孔とは孔辺細胞とよばれるソーセージのような形をした細胞が二つ並んでいて，この二つの細胞が変形することによってできた両細胞間のすき間のことである（図 4・8 参照）．この開閉は外環境の変化に応じて起こるが，その応答はきわめて速い．光や二酸化炭素条件を変えると気孔の開閉が 2〜3 分以内に始まる．気孔は暗いところでは閉じ，光が当たると開く．気孔が開いた状態で二酸化炭素を吸収し酸素を放出する．葉肉組織内の二酸化炭素濃度が低くなると気孔は開いて二酸化炭素が流れ込む．また，葉への水の供給が不足して葉がしおれそうになると気孔は閉じる．

　気孔は，光合成の原料である二酸化炭素を取り入れるためだけでなく，水蒸気を体外に排出し，体内温度を下げるためにも重要である．液体状の水が，気体状の水分子（水蒸気）になるとき，多くのエネルギーが必要である．直射日光を受ける葉は，葉面温度が 45℃以上になると障害が起こるので，気孔を開き，体内の熱を水蒸気という形で体外に排出することで，葉温の上昇を防いでいる．

2.1.3 流れ込む二酸化炭素

空気中の二酸化炭素がどのようにして光合成の二酸化炭素固定反応の起こっている場所へたどりつくのかについて考察してみよう．

▍風のかき混ぜ効果

光が強いときは光合成が盛んで，二酸化炭素の取込みが起こっている葉の表面では二酸化炭素がどんどん消費され，二酸化炭素濃度はきわめて低くなっている．したがって，植物体とそれを取り巻いている空気との間に二酸化炭素濃度の落差が生じている（**図 2·7**）．風のないときは，二酸化炭素濃度に落差があれば二酸化炭素分子は分子拡散によってのみ移動する．しかし，野外では空気が完全に静止していることはめったになく，対流などもあり，程度の差こそあれ絶えず空気が動いている．植物群落の上を風が吹き抜けると，この空気は群落表面との摩擦によっ

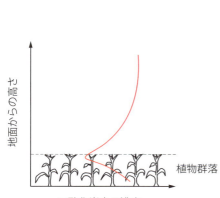

昼間は，植物群落の光合成の行われている部分と上空との間には二酸化炭素の濃度落差が生じている．

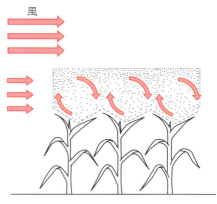

風は植物群落の上の凹凸につまずくことによって，各所に渦を生じ，これより上の層の風よりも速さは鈍る．群落上に生じたこの渦は群落のすぐ上の二酸化炭素の薄い空気と，その少し上の二酸化炭素の濃い空気をひっくり返しては混ぜ合わす働きをすることとなる．こうして二酸化炭素をより濃く含む空気が絶えず群落へと送り込まれる．

図 2·7 植物群落における二酸化炭素の垂直分布（左）と植物への流れ込み（増田，辻，1974 より）

て群落表面に空気の渦を生じる．この渦は二酸化炭素の濃い空気と薄い空気とを混ぜ合わす働きをするので，二酸化炭素の上下方向の移動は著しく促進される（**図2・7**）．このかき混ぜ効果は水分の蒸発（蒸散）などにも効力を発する．

‖ 二酸化炭素のミクロの通路

　二酸化炭素分子が葉の表面にたどりついても気孔という"狭き門"が待ち受けている．気孔を通過した二酸化炭素分子は，葉肉組織の細胞のすき間へ入り葉肉細胞の表面に達する．光合成を行っている葉肉細胞の表面とその内部では二酸化炭素濃度が低くなっているので，気孔から入った二酸化炭素は葉肉細胞の表面へ向かって拡散し，ここで水に溶けて細胞内へと取り込まれていく．水に溶けた二酸化炭素の一部はイオンになるが，イオンではない分子状の二酸化炭素の方が膜を通過しやすく取り込まれやすい．これは，細胞膜の中が疎水性で，極性の高い炭酸水素イオンより極性の低い（すなわち疎水性の高い）分子の方を通しやすいからである．細胞内に取り込まれた二酸化炭素は，その後，二酸化炭素濃度が最も低い葉緑体をめがけて拡散していく．また，呼吸（細胞呼吸）で生じた二酸化炭素もミトコンドリアから葉緑体に流れる．葉緑体には二酸化炭素を吸収して有機物に変える酵素回路，すなわち**炭酸固定回路（C_3回路）**が存在しているので，葉緑体中の二酸化炭素濃度は絶えず低く保たれている．このように二酸化炭素の流れは一方向的である．

2.1.4　陽葉と陰葉

　自然界では，森林の樹木や草原群落の頂上では十分ある光も，上層に位置する葉の吸収や反射によって減衰するため，下層の葉に到達する光の強さは弱くなる（**図2・8**）．1本の植物につく葉でも，光のよく当たる位置につく葉（**陽葉**）と，光の当たりにくい位置につく葉（**陰葉**）がある．

　また，日当りの良いところにも悪いところにも植物は生育している．明るく開けた耕地や草原など日当りの良いところを好む植物を**陽生植物**，日当りの悪いところを好む植物を**陰生植物**とよぶ．樹木の場合，**陽樹**あるいは**陰樹**ともよぶ．陽生植物には，畑地に栽培される多くの植物やヒマワリなどの草本類，シラカバ，

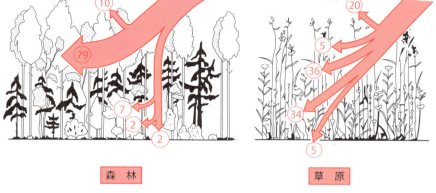

図 2·8 光の浸透（Kairiukštis, 1967 と Cernusca, 1975 より）

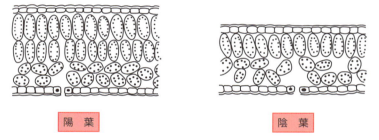

陽葉では，陰葉に比べて柵状組織がよく発達している．

図 2·9 陽葉と陰葉の横断面の模式図

アカマツなどの高木類がある．陰生植物には，多くのシダ植物や林内に生える草本類がある．陰生植物の中には日陰でないと生育できないもの（**絶対的陰生植物**）もあるが，日陰に生育するが日なたでも生育できるもの（**条件的陰生植物**）が多い．前者には，シダ・コケ植物のほか，ドクダミ，ミズヒキ，シュンランなどの草本，後者にはシイ，カシ，ブナなどの木本がある．

　陽葉と陰葉では葉の構造に多少の違いが見られる．陰葉に比べて陽葉では，柵状組織がよく発達し，その分，葉が分厚くなっている（**図 2·9**）．生育地の光条件の違いは葉緑体の構造にも大きな影響を与えている．一般に陰葉の緑は陽葉のそれより濃く見えるが，これは葉緑体の緑が濃いためである．その構造を詳しく

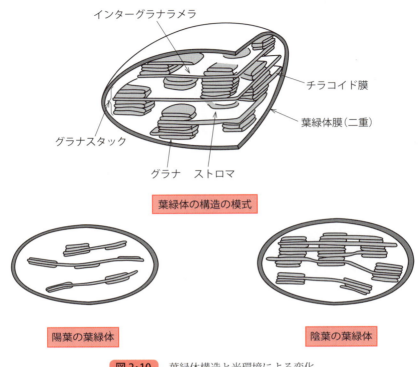

図2·10　葉緑体構造と光環境による変化

見ると，グラナの数が増え，一つの**グラナ**に積み重なっているチラコイドの層数が多くなっている（**図2·10**）．光合成色素はチラコイドに存在するので，**チラコイドの層の数が増加すると葉緑体内の光合成色素含量も増加する．**これにより，葉面に到達する少ない光をより効果的に取り入れている．逆に，陽葉の緑が薄いのは強い直射日光の余分な光を逃がすためであるともいえる．なお，陽生植物と陰生植物の葉に見られる違いは，陽葉と陰葉の違いと同様のものである．

2.1.5　葉緑体と核

　葉緑体は細胞質に存在する原色素体から形成される．これが分裂したあと分化，成熟の過程を経て完全な葉緑体が多数形成される．この過程には光が必要である．葉緑体成分の多くは細胞核のゲノム（DNA）の遺伝情報に基づいてつく

られる．葉緑体にはミトコンドリアと同じように独自のDNAも含まれており，この遺伝子情報も葉緑体タンパク質の合成などに使われている．葉緑体での遺伝子発現は主に核ゲノムからの情報によって制御されているが，近年，葉緑体から細胞核に向けて核DNAの発現を制御するためのシグナルが送られていることがわかってきた（**図 2·11**）．これは核からオルガネラへではなく，オルガネラから核へ向かう逆方向のシグナルなので，逆行シグナルあるいはレトログレードシグナル（retrograde signal）とよばれている．葉緑体が放つシグナルとして注目されているのは葉緑体の形成状態やストレス状態を核に伝えるシグナルで，核ゲノムでの遺伝子発現やDNA複製のブレーキ役としての機能がある．シグナルの実体として活性酸素など酸化還元物質，葉緑体成分（クロロフィルやヘム），カルシウムイオンなどが働いている．核，葉緑体，そしてミトコンドリアのゲノム間で繰り広げられる相互作用は，真核植物細胞の進化の道筋を知る手がかりでもあり，今後の研究成果が期待される．

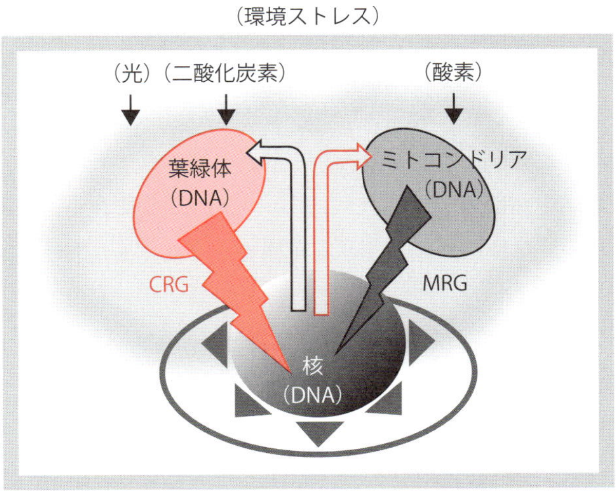

葉緑体からのレトログレードシグナルであるCRGは核の遺伝子発現を制御する．レトログレードシグナルにはミトコンドリアからのもの（MRG）もある．オルガネラ相互作用は太古の生物間相互作用を反映している可能性がある．

図 2·11 葉緑体およびミトコンドリアからのレトログレードシグナル

2.2 光による反応

2.2.1 葉緑体

　緑色細胞の中で光合成の反応が実際に起こる場所は**葉緑体**である．葉緑体は，真核生物の祖先型の細胞にシアノバクテリアの仲間を細胞内共生によって取り込んで色素体としたことに由来する．それゆえ，独自の DNA，RNA とリボソームをもつ．葉緑体はクロロフィルはもちろんのこと，とらえた二酸化炭素を炭水化物にまで変化させるすべての酵素系を完備した光合成工場である．高等植物の葉緑体は碁石のような形をした，普通直径 5 μm 程度，厚さ 2〜3 μm の粒である．葉緑体の表面は葉緑体膜とよばれる二重膜で包まれている．外膜は細胞共生過程における宿主細胞に由来すると考えられていたが，色素体へのタンパク質輸送機構の研究から 2 枚の包膜ともシアノバクテリアの膜に由来するという考えもある．この膜を通して，光合成でつくられたいろいろな有機化合物が運び出され，また葉緑体にとって必要な物質が細胞質から吸収される．

　1 個の細胞中に入っている葉緑体の数は，植物の種類や組織の種類，細胞のエイジ（齢）によって非常に異なり数個から数百個のものまであり，大きさもさまざまである．葉緑体は乾燥重量にしてその 1/3 は脂質，2/3 はタンパク質からなっており，クロロフィルなどの色素の占める割合は約 8% である．

　葉緑体の内部は，**図 2·10** に見られるように高度に組織化されている．葉緑体の内部には，へん平な袋状のちょうど座布団のような形をしたものが葉緑体の長軸方向に沿って何層にも走っている．これは**チラコイド**（袋という意味）とよばれている．それ以外の部分は**ストロマ**（基質という意味）とよばれている．チラコイドの重なり方を見ると，小さなチラコイドがちょうどコインを積み重ねたかっこうで大きなチラコイドの間にはさまっている部分があり，この部分は**グラナ**とよばれる．グラナの数は植物の種類によって異なるが，タバコの葉肉細胞では 1 個の葉緑体に 40〜80 個含まれている．

　多くの植物は光合成が盛んなとき，光合成の結果つくられるグルコース（ブドウ糖）をデンプンに変えてストロマに一時蓄える．これを**同化デンプン**といい，小さな粒となって現れる．デンプン粒は 1 個の葉緑体中に多数見られることもあ

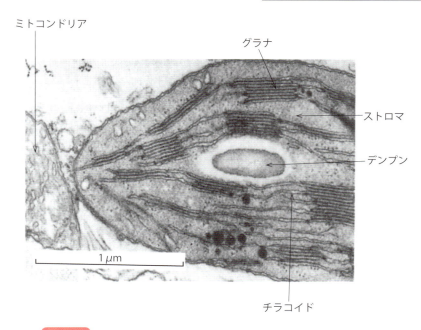

図 2·12 イチョウの葉緑体に存在するデンプン粒（増田，1977 より）

り，大きいデンプン粒はチラコイドの束と束の間に割り込むようなかっこうで入っている（**図 2·12**）．

　適当な光強度のもとでは光強度が増すにつれて光合成量も増えていくが，光が強すぎると葉緑体はダメージを受けてしまう．そのため，葉緑体は効率的に光を利用できるように，弱い光に対しては集合し（集合反応），強すぎる光からは逃避する（逃避反応）．葉緑体の細胞内での移動（運動）を**葉緑体光定位運動**とよぶ．

　葉緑体は内側と外側の2枚の包膜に包まれている．赤色光（680 nm の波長の光）を効率的に取り込む光化学系 II は主にグラナ部分に，赤色光よりも長波長の光（700 nm の波長の光）を優先的に吸収する光化学系 I は主にストロマラメラに存在する．

2.2.2 クロロフィル

　私たちは太陽の光が多くの異なった色の光から成り立っていることを，自然の

分光器すなわち虹でよく知っている．葉の表面に注がれる太陽光のうち一部の波長の光だけが葉に吸収される．それは，葉に含まれた色素がその波長の光を吸収する性質をもっているからである．

　分光光度計を用い，葉がどんな色の光をどの程度吸収しているかをグラフにすると図2・13のようになる．400〜500 nm（青紫）に幅の広い吸収帯と，670〜680 nm（赤）にややシャープな吸収帯が見られ，550 nm（黄緑）のあたりではあまり吸収されないのが特色である．反射する光の量と透過する光の量は，これとは逆にいずれも550 nm（黄緑）で大きくなっている．葉を上から見ても光に透かして見ても緑色であるのはこのためである．葉緑体には光を吸収する色素が複数含まれている．その代表的なものは，クロロフィルa，クロロフィルb，β-カロチン，キサントフィル系のルテインである．通常の緑葉にはクロロフィルaとbがほぼ3：1の割合で含まれている．β-カロチンやルテインは補助色素とよばれ，光のエネルギーを集めてクロロフィルに伝えるアンテナの役割をしている．葉緑体のチラコイド膜にある光のエネルギーを効率よく集める仕組みを光化学系タンパク質複合体とよぶ．クロロフィルやカロチンなどの色素は特定の波長の光を吸収する．これらの光合成色素の光の吸収スペクトルを図2・14に示す．

　葉緑体のさまざまなアンテナ色素で吸収された光エネルギーが最終的に反応中心色素として働く特殊なクロロフィルa分子に吸収される（図2・15）．通常，光のエネルギーを吸収する色素は，その原子核のまわりを飛んでいる電子の軌道をより外側に移すことによりエネルギーを一

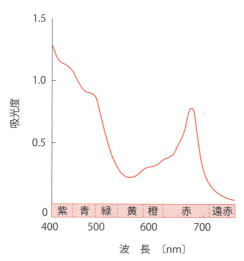

試料はホウレンソウの若い葉．葉は赤い光と青い光とをよく吸収することがわかる．

図2・13　葉の吸収スペクトル（柴田，1968より）

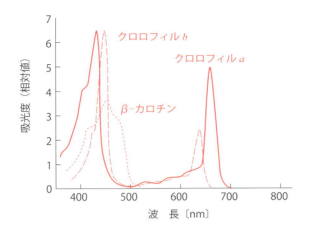

図2·14 光合成色素（クロロフィルとカロチノイド）の吸収スペクトル（生物学データブックより）

時的に蓄える．しかし，この状態は不安定なため電子はもとの軌道に戻る．このとき，そのエネルギー（励起エネルギーという）の大部分は分子間の共鳴現象によって他の色素に速やかに移される（図2·15（a））．その一部はわずか（1％以下）ではあるが蛍光や熱として消失し（図2·15（b））光合成には利用されない．色素間を移動した励起エネルギーが反応中心のクロロフィルa分子に集められ，ある値を超えると，電子はその分子から飛び出す（図2·15（c））．飛び出した電子は，この後，重要な仕事をするが，クロロフィル分子は1個電子の少ない状態になる．この状態はきわめて不安定で，クロロフィル分子は電子を要求する．この電子の空席は水を分解することによって得られる電子で埋められる．水の分子を構成する水素は陽子1個と電子1個からできているが，水分子が分解され，この水素の電子が使われるので，H^+（電子のない水素）すなわちプロトン（陽子）ができる．このプロトンも後で使われる．酸素原子は互いに結び付き，酸素分子（O_2）となって放出される（図2·15（c））．

クロロフィルの分子はオタマジャクシのような形をしているといわれる．ポルフィリン（5員環であるピロールが4個環状になったテトラピロール）という，ほぼ正方形をした"頭部"にフィトールという長い鎖の分子（尾）が結合している．そして，頭部の中央にマグネシウム原子（眼玉）が1個入っている（**図2·16**）．

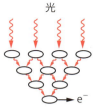

(a) 太陽光を吸収した色素分子は励起し，共鳴によってエネルギー（赤の波線）を他の色素分子に渡す．最終的にクロロフィル a 分子の電子を飛び出させる．

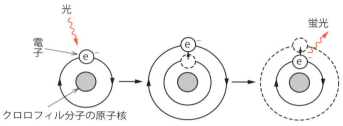

(b) 色素分子から蛍光が出る仕組み．励起エネルギーが光合成に使われないとその一部が低エネルギーの光（赤色光）となって放出される．

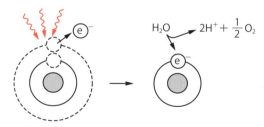

(c) 電子の飛び出した空席に H_2O の電子が補填される．

図 2·15 光を集めるアンテナ

　カロチン類は，炭素（C）と水素（H）だけでできており（**図 2·17**（a）），二重結合をいくつももった長い鎖状の分子である．キサントフィル類は 1 個の分子の中に 1 個ないし数個の酸素（O）を含んでいる点がカロチンと異なっている（図 2·17（b））．

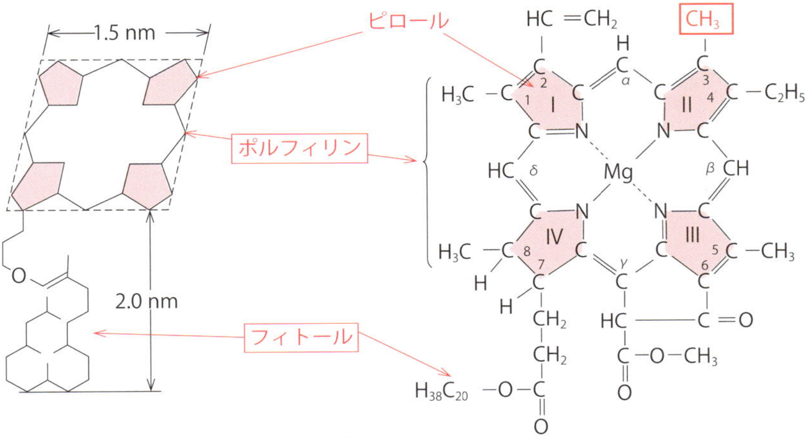

クロロフィル分子は，ポルフィリン環と，フィトール鎖の二つの部分からできている．
ピロール環 II の 3 位の炭酸に結合する基が CH_3 なら *a*，CHO なら *b*．

図 2･16　クロロフィル

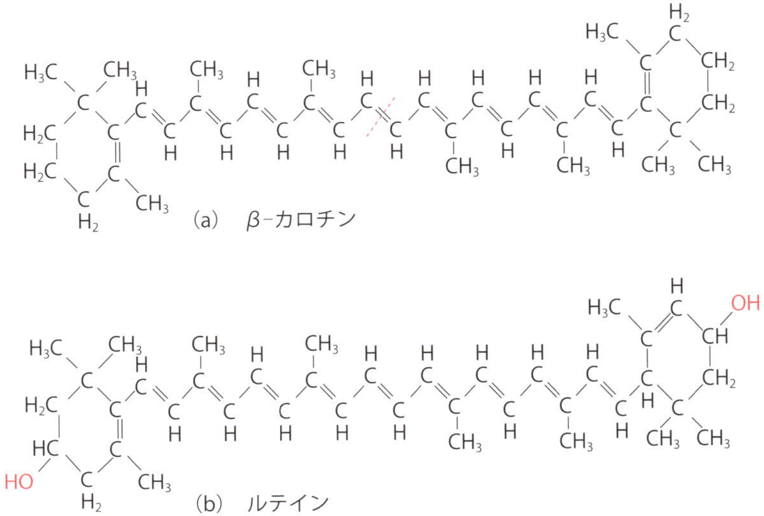

（a）　β-カロチン

（b）　ルテイン

カロチノイドには酸素を含まないカロチン（例：β-カロチン）と，酸素を含むキサントフィル（例：ルテイン）の 2 種類がある．

図 2･17　カロチノイド

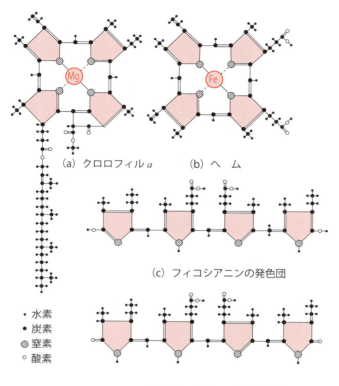

(a) クロロフィル a　　(b) ヘム

(c) フィコシアニンの発色団

・水素
・炭素
◎ 窒素
○ 酸素

(d) フィトクロームの発色団

光合成で活躍するクロロフィル，フィコビリン系色素，呼吸で活躍するチトクローム，ヘモグロビン，植物での光形態形成でのフィトクローム—これらの物質がそれぞれの一部分に驚くべく共通した構造をもっている．ここでは，フィコビリン系の色素では，フィコシアニンだけを書いてるがフィコエリスンも骨格の構造はほとんど同様である．影をつけた部分がピロール核．(a), (b) の"白十字"の大きい輪を1か所で切ると (c), (d) の構造となる．

図 2・18　テトラピロール化合物

　紅藻やシアノバクテリアに含まれる光合成色素（フィコシアニン）は基本的にはクロロフィルに似ているが，ただその輪が開いてピロールが一列に並んでいるという点で異なっている．さらにもう一つ違う点は，フィトールという長い鎖を端にぶら下げていないことである（**図 2・18** (c)）．

葉に含まれるクロロフィル量は葉面積 100 cm² 当り 5 mg 程度といわれているが，環境によって変動する．1 本の植物についている葉でも，日当りのよい陽葉の色素含量は陰葉に比べて少ない傾向がある．一般に，草地などでは土地がやせており，窒素肥料を与えると色葉含量の増加が見られる．

2.2.3 光化学反応の仕組み

光合成の全過程は，次式のように示すことができる．

$$6\ CO_2 + 12\ H_2O \xrightarrow{光エネルギー} C_6H_{12}O_6 + 6\ H_2O + 6\ O_2$$
二酸化炭素　水　　　グルコース　水　酸素

この反応の過程は非常に複雑な数多くの反応から成り立っているが，光化学反応と炭酸固定反応の二つの反応段階に大別できる．この反応をよく見ると，二酸素化炭素という炭素が単独で存在している分子が，糖（グルコース）という炭素どうしが結合した分子に変換されている．しかもグルコースの分子 $C_6H_{12}O_6$ は $(CH_2O)_6$ と書くこともできる．これは $(CO_2)_6$ と比べてみると，炭素についていた 2 個の酸素のうち 1 個の酸素が 2 個の H に変わっている．つまり，CO_2 が還元されると糖ができるのである．CO_2 が還元されて炭素どうしが共有結合するのに，太陽の光エネルギーが使われている．私たちヒトを含む動物は，糖に含まれている太陽からのエネルギーを，酸素を使って取り出す．このエネルギーでミトコンドリアは ATP を生産している．

光によって進行する光化学反応は葉緑体のグラナ部分で行われる反応で，クロロフィルによって吸収されたエネルギーを用いて水を分解し，還元型補酵素 NADPH[*1] と ATP[*2] および酸素を生成する反応過程（**図 2・19**）である．この反応中に O_2 が放出される．チラコイド膜上の光受容体に光が当たると，クロロフィル分子から電子が飛び出し，そのエネルギーでストロマ内の H^+ がチラコイド膜を横切って内部に入るので，チラコイド内部の pH はストロマより低い．そこで，その濃度勾配に従って H^+ がストロマに排出されるエネルギーを使って

[*1] ニコチンアミドアデニンジヌクレオチドリン酸の還元型の略号．
[*2] アデノシン三リン酸．

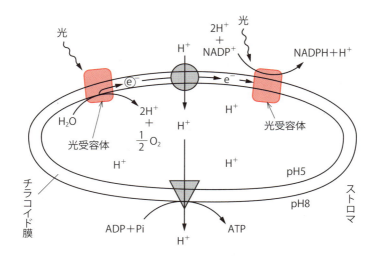

光は左の光受容体に吸収されて電子を飛び出させ，このエネルギーを使ってストロマからチラコイド内に H^+ を輸送するため，チラコイド内の pH はストロマより低い．濃度勾配に従って H^+ がストロマに出るときのエネルギーを使って，ATP が合成される．
$NADP^+$ は 2 回目の光による電子のエネルギーで $2H^+$ と結合し，還元型の $NADPH+H^+$ となる．実際には $NADPH_2$ と書いてもよいが，H^+ の一つは特定の場所に結合していないので，このような表記の仕方が用いられるが，本文では NADPH と略記しておく．

図 2・19 光合成反応の仕組み

ATP が合成される．一方，エネルギーを失った電子は別の光受容体に吸収され，もう一度光エネルギーを用いてクロロフィル分子から飛び出す．このエネルギーを使って酸化型である $NADP^+$（以降 NADP と記す）から NADPH が合成される．

2.2.4 炭酸固定の反応

炭酸固定は光化学反応でつくられた NADPH と ATP のエネルギーを用い，CO_2 が吸収されて $C_6H_{12}O_6$ に同化されるまでの葉緑体のストロマ部分で行われる反応の過程である．反応の途中で H_2O が生成される．炭酸固定の反応には CO_2 濃度と温度が大きく関係し，光が当たらなくとも進行する．

炭酸固定反応はアメリカのカルビン（M. Calvin, 1911 ～ 1997）とベンソン（A.

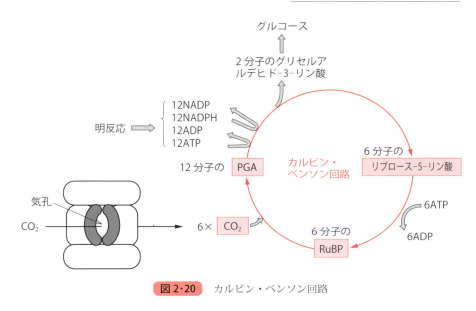

図 2・20　カルビン・ベンソン回路

Benson, 1911～2015) によって解明された回路反応になっており, **カルビン・ベンソン回路**（またはカルビン回路*）という（**図 2・20**）.

気孔を通して取り込まれた CO_2 は，炭素数 5 のリブロース-1,5-二リン酸（RuBP）に取り込まれて炭素数 6 の化合物になる．これは，直ちに分解して炭素数 3 のホスホグリセリン酸（PGA）になる．

$$RuBP + CO_2 \rightarrow (C_6) \rightarrow 2\,PGA$$

この反応を解媒するのが，**リブロース二リン酸カルボキシラーゼ／オキシゲナーゼ**（**RuBisCO**, 通称**ルビスコ**）で葉に含まれるタンパク質のほぼ半分を占める．この酵素は，名称が斜線（／）で二つに区分けされているが，その通り，二つの反応を触媒する．CO_2 の濃度が高いときは，前者の反応が触媒され，リブロース-1,5-二リン酸に CO_2 をつけて 2 分子のホスホグリセリン酸を合成する．

ホスホグリセリン酸は，光による化学反応で合成された NADPH と ATP のもつ化学エネルギーで還元され，グリセルアルデヒド-3-リン酸になる．この過程で水ができる．

＊　カルビンはこの回路の研究によって 1961 年にノーベル賞を受けた．

$$\text{PGA} + \text{NADPH} \xrightarrow{\text{ATP}} \text{グリセルアルデヒド-3-リン酸} + \text{NADP} + \text{H}_2\text{O}$$

　グリセルアルデヒドリン酸は，複雑な過程を経て一部はグルコースやフルクトースのような六炭糖（C_6）になり，残りは五炭糖（C_5）のRuBPとなる．

　総合して考えると，植物の光合成は次のような仕組みで行われていることとなる．最初の光化学反応過程で，光エネルギーを利用して水を分解することによって引き出した電子とH^+をNADPまで運び，NADPを還元しNADPHをつくる．この電子移動の過程でH^+をチラコイドの内部に輸送してATPの生成も行われる．こうして得られたNADPHとATPが，二酸化炭素を固定する回路に供給され，炭水化物の合成に使われる．

光呼吸

　ルビスコはもともと二酸化炭素を捕まえる酵素として発見されたが，その後，酸素を基質にする性質もあることが見つかった．これがオキシゲナーゼ活性の部分である．光合成で発生するO_2の濃度が高くなるような強光下では，ルビスコは，リブロース-1,5-二リン酸にO_2をつけて，1分子のホスグリセリン酸とグリコールリン酸を合成する．そこで全体としては，炭酸固定の効率が落ちる．しかし，それでも葉緑体内の酸素濃度を下げて有毒な活性酸素の発生を抑制するという効果が期待できる．光合成につかわれないグリコールリン酸はカルビン・ベンソン回路にとって阻害的であるため，リン酸が取れてグリコール酸になり葉緑体の外，ペルオキシソームへと運び出される．グリコール酸はペルオキシソームでアミノ酸の一種，グリシンへと速やかに代謝され，今度はミトコンドリアへ運ばれる．2分子のグリシンからミトコンドリアで別のアミノ酸のセリンへと生成され，このときCO_2が放出される．セリンは逆の経路をたどりグリセリン酸として葉緑体へと戻る．この一連の過程を光呼吸とよぶ．光呼吸の過程は，ルビスコが酸素と結合することでカルビン・ベンソン回路から出て行ってしまう炭素を二酸化炭素として可能な限りカルビン・ベンソン回路に戻そうとする機構ともいえる．

2.2.5 C₄ 植物

光合成において植物が二酸化炭素を取り込む経路は，カルビン・ベンソン回路であることは前述したとおりである．植物の中には，二酸化炭素の濃縮装置とみなされる回路（第1回路）で二酸化炭素を効率よく取り込み，ここで得た二酸化炭素をカルビン・ベンソン回路（第2回路）へ送り込む．つまり二つの回路が連結しているものが存在している（**図 2·21**）．

これらの回路は，サトウキビの葉で光合成の二酸化炭素固定の経路を調べたハワイのコーチャック（H. P. Kortschak, 1911 ～ 1983）に端を発し，オーストラリアのハッチ（M. D. Hatch）とスラック（C. R. Slack）に引き継がれ明らかになったものである．このタイプの植物では，最初の二酸化炭素の受取り役がカルビン回路のものとは異なり，ホスホエノールピルビン酸（PEP）という化合物であり，最初にこれに二酸化炭素が結合して，オキサロ酢酸（OAA）を経て結局リンゴ酸となる．このときにできるオキサロ酢酸やリンゴ酸はCが4個でカルボキシル基をその両端にもつ化合物なので，この新しい回路は **C₄ ジカルボン酸回路** と名づけられた．そして，このような回路をもつ植物は **C₄ 植物** とよばれている．

これと対比する意味でカルビン回路は **C₃ 回路** ともよばれる．すなわち，二酸

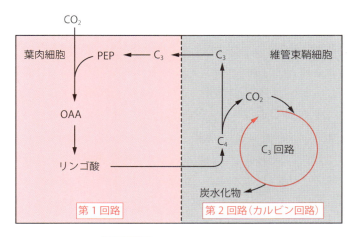

図 2·21 C₄ ジカルボン酸回路

化炭素はまずリブロース-1,5-二リン酸（RuBP，五炭糖）と反応して，初期産物として2分子の3-ホスホグリセリン酸（3-PGA，三炭糖：Cが3個の化合物）をつくることによる．多くの植物はこの回路のみをもち，C_3 植物とよばれる．

サトウキビのように，C_4 ジカルボン酸が登場する回路をもっている植物は，第2回路として必ずカルビン回路をもっている．C_4 ジカルボン酸回路（C_4 回路）で固定された二酸化炭素は結局カルビン回路へと渡される．

C_4 回路にはどんな利点があるのだろうか．C_4 回路の二酸化炭素受取り役へ二酸化炭素をくっつける酵素（PEPカルボキシラーゼ）は，カルビン回路のこれに相当する酵素（ルビスコ）よりも二酸化炭素に対する親和性がとても高いのである．二酸化炭素が少しでもあればまたたくうちにこれを二酸化炭素受取り役へとくっつけてしまう．いったん C_4 化合物に固定された炭素は，ルビスコ近傍で脱炭酸反応を行うことによってルビスコに高い濃度の二酸化炭素を供給する．このため光呼吸を抑えることができる．つまり C_4 回路が，二酸化炭素を濃縮してカルビン回路へ渡しているのである．カルビン回路という基本回路の前に，C_4 回路という二酸化炭素の濃縮装置を取り付けた巧妙な一つの系ともいえる．

2.2.6　C_3 植物と C_4 植物の比較

C_3 植物と C_4 植物では葉の内部構造にもはっきりした違いがある．前に，葉の中には網目のように葉脈が走っているということを述べた．この維管束を包んでいる一層の組織がある．これは，ちょうど維管束を入れている鞘のようなかっこうなので**維管束鞘**とよばれている．ところで，C_3 植物の場合には維管束鞘はあまり発達していないし，発達したものでもその中に葉緑体をもってはいない（**図 2・22** (a)）．これに対して，C_4 植物では維管束のまわりに一層または二層の維管束鞘がよく発達し，その中には葉緑体をもっている（**図 2・22** (b)）．

さらにおもしろいことには，C_4 植物ではこの維管束鞘の葉緑体と葉肉細胞の葉緑体とでは構造が異なっている．葉肉細胞の葉緑体は C_3 植物のものと同じようにグラナがよく発達しているが，デンプン粒が見られない．これに対して，維管束鞘の葉緑体は葉肉細胞のものよりも大型であり，デンプン粒をもっている．C_4 植物のうちリンゴ酸を生成するタイプのものでは，葉が若いうちは維管束鞘

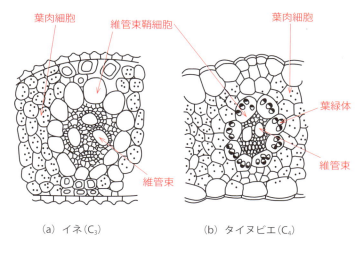

(a) イネ(C_3)　　(b) タイヌビエ(C_4)

タイヌビエ（C_4植物）の維管束鞘細胞には葉緑体がある．イネでは維管束鞘細胞には葉緑体が含まれない．

図 2·22　C_3植物とC_4植物の維管束鞘の比較（松中ら，1977 より）

の葉緑体にグラナ構造が見られるが，成熟した葉では平行に走るチラコイドが見られるだけでグラナ構造を失っている．

　C_4植物でのこのような組織の分化，葉緑体の分化は，いったい何を意味するのであろうか．維管束鞘の部分と葉肉の部分とを分けて取り出して，それぞれの組織の働きを調べたり，含まれている酵素の種類を調べたりする実験から，二つの異なった組織で炭酸固定の分業が行われていることがわかった．葉肉組織では光化学過程とC_4回路による炭酸固定が行われ，維管束鞘ではカルビン回路によってグルコース（糖），デンプンへの合成が行われている．協同作業を行っている葉肉細胞と維管束鞘細胞の間には両者を結ぶ構造の存在が当然考えられる．両細胞が互いに接する細胞壁を通して原形質連絡がよく発達しているという報告がある．

　図 2·23 のタバコやサトウカエデのようなC_3植物の多くのものでは，夏の晴天時のような強い太陽光の場合なら，その 20 〜 30％ 程度の光の強さで光合成は

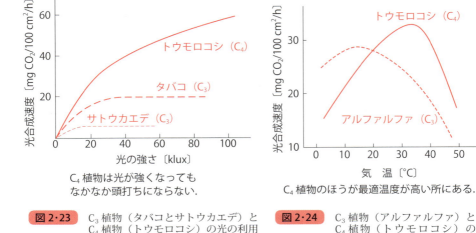

図2・23 C_3植物（タバコとサトウカエデ）とC_4植物（トウモロコシ）の光の利用（Heslseth and Waggoner，1963より）

C_4植物は光が強くなってもなかなか頭打ちにならない．

図2・24 C_3植物（アルファルファ）とC_4植物（トウモロコシ）の光合成の最適温度（村田ら，1965より）

C_4植物のほうが最適温度が高い所にある．

頭打ちとなってしまう．C_3植物にとっては，夏の強い光を全部利用するのには，大気の二酸化炭素濃度はあまりにも薄すぎるのである．ところがトウモロコシのようなC_4植物では，このような強い太陽光の50％以上で光合成は初めて頭打ちとなるか，あるいは100％でもまだ頭打ちに達しないものさえある．C_4植物は強い太陽光を光合成のために非常に有効に利用しているということができる．それは，C_4植物がもっている薄い二酸化炭素を上手に利用できる二酸化炭素濃縮装置のおかげである．

温度に関してもC_3植物とC_4植物では明瞭な差がある．光合成の最適温度はC_3植物の多くのものでは10〜25℃の範囲に入るが，C_4植物では30〜40℃の範囲にある（**図2・24**）．生育の最適温度もC_4植物のほうがC_3植物よりも高いところにある．

光合成によって，ある一定量の乾燥重量をもたらすのにどれだけの水を必要とするかを見てみると，C_4植物の場合にはC_3植物が必要とする水の量の半分でよいという結果が得られている．このような水分必要量についてのC_3植物とC_4植物の性質の違いは，実際の栽培において水分管理のうえでは重要なことと思われる．

現在知られているC_4植物は多くの科にまたがって存在するが，その科の植物すべてがC_4植物であるとは限らない．調査研究が進めば，まだまだC_4植物の種類数が増えることが予測されている．

C_4植物のもつ諸性質は長い進化の道筋で，強い日射，高い温度，水分欠乏という熱帯的環境へ適応した結果獲得されたものであろうと思われる．栽培植物ではC_3植物が多いが，トウモロコシ，サトウキビ，モロコシなどはC_4植物である．

現在，光生物学の分野では一般に光の単位は光量子密度（$\mu\,mol\,m^{-2}s^{-1}$）や放射照度（$J\,m^{-2}s^{-1} = Wm^{-2}$）で表す．光子1個のエネルギーは光の波長によって異なる．反応は光子を吸収すると起こるので，光子の数に依存するが光子のもつエネルギーにはよらない．光をエネルギーで測定した場合にはその波長によってどれだけの光子数があるのかが異なる．光の単位として照度（lux）は視感度で補正したエネルギーの単位である．この場合，単色光であれば光量子密度への換算も簡単であるが，多くの実験は単色光を用いていない．あらかじめ波長分布を測定しておき，換算係数を計算すると，放射照度，光量子密度，照度の間の換算ができる．真夏の直射日光の放射照度$440W/m^2$の値は，約$2,000\,\mu\,mol\,m^{-2}s^{-1}$，110 klux 程度に相当する．

2.2.7 CAM 植物

植物が夜間に有機酸を蓄え，昼間にこれを消費するという現象は古くから知られていた．この現象はベンケイソウ科（Crassulaceae）に属する植物にしばしば見られることから，**ベンケイソウ型酸代謝**（Crassulacean Acid Metabolism），略して**CAM**とよばれる．この代謝系路をもつ植物を総称して**CAM 植物**という．CAM 植物は，葉がときには葉柄や茎までが多肉になっており，熱帯の砂漠などが原産地であるものが多い．CAM 植物の多肉すなわち細胞内に細胞液をたくさん含んだ葉は，大部分が葉緑体を含んだ葉肉細胞で占められている．維管束を取り巻く維管束鞘細胞は，葉緑体を含んでいない．CAM 植物は，ベンケイソウ科，サボテン科，ユリ科，ラン科などの他，裸子植物のウエルウィチア属植物やシダ植物にもみられる．

CAM 植物は乾燥に適応しているため，普通の植物とは逆に日中は気孔を閉じ

て蒸散による水の欠損から身を守り，比較的涼しくなる夜に気孔を開いて二酸化炭素（CO_2）を吸収する．吸収された CO_2 はいったん有機酸（リンゴ酸）として固定され，細胞の液胞内に蓄積される．これは，C_4 植物で観察されるホスホエノールピルビン酸（PEP）カルボキシラーゼの働きによって CO_2 と PEP からリンゴ酸が生成される過程，C_4 ジカルボン酸回路と同一のものである．朝になって光が当たると，光化学反応系が働きだし，それまでに脱炭酸されて生じた CO_2 はカルビン・ベンソン回路へと送られて，糖などの光合成産物を生成する（**図 2·25**）．

このように，CAM 植物の光合成過程は C_4 ジカルボン酸回路とカルビン・ベ

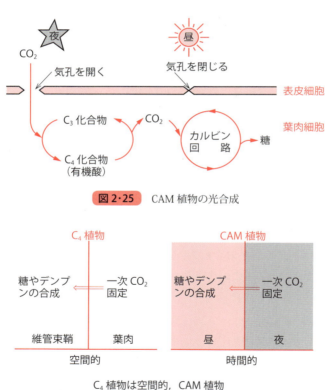

図 2·25　CAM 植物の光合成

図 2·26　光合成における C_4 植物と CAM 植物の相違

ンソン回路の両者をもっている．すなわち，C_4 植物と基本的には同じ CO_2 の固定反応系をもっている．C_4 植物では，葉肉細胞で C_4 ジカルボン酸回路を，維管束鞘細胞でカルビン・ベンソン回路をというように，空間的分業を行っている．これに対し，CAM 植物ではこの二つの回路はともに葉肉組織に存在するが，夜間に C_4 ジカルボン酸回路で CO_2 をリンゴ酸として蓄積し，日中にこれを分解してカルビン・ベンソン回路（C_3 回路）で再固定していく．全過程を夜間，日中と時間的に分業している点に特徴がある（図 2·26）．

2.2.8 環境要因と光合成量

図 2·27 に示すように，緑色植物では夜間，呼吸による二酸化炭素の放出のみが見られる．植物に与える光の強さを増していくと光合成はしだいに高まるので，二酸化炭素の放出は減少していく．やがて，ある光の強さになると二酸化炭素の

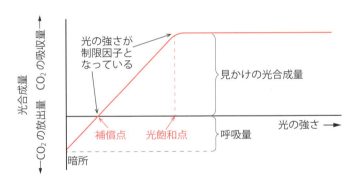

光の強さ	光合成量と呼吸量	この環境下の植物
暗　黒	呼吸量のみ 放出 CO_2 ＝呼吸量	枯れる
補償点以下	光合成量＜呼吸量 CO_2 は放出される	枯れる
補償点	光合成量＝呼吸量 CO_2 の出入りがない	育ちも枯れもしない
補償点以上	光合成量＞呼吸量 真の光合成量＝見かけの光合成量＋呼吸量	育つ

図 2·27　光の強さと光合成量

出入りは見かけ上ゼロに到達する．つまり，呼吸作用による二酸化炭素の放出と，光合成による二酸化炭素の吸収が等しくなる．このような光の強さは植物が生活を維持できるぎりぎりの条件であり，**補償点**とよばれる．これよりも光をさらに強くしていくと，それにつれて光合成も大きくなり，呼吸を差し引いてもなおかつ余剰の二酸化炭素吸収がある．光をもっと強くすると光合成はますます大きくなるが，ある程度まで光が強くなると光合成のほうは頭打ちになってしまう．このような光の強さを**光飽和点**という．

環境要因の影響

光合成速度は光の強さ，温度，二酸化炭素濃度など環境要因の影響を強く受ける．

光の強さと光合成速度：前述のように，ある範囲までは光を強くしていくと光合成速度は大きくなるが，やがてほぼ一定になってしまう．図 2・28 には光の強さと光合成速度の関係を示してある．

二酸化炭素濃度と光合成速度：二酸化炭素の濃度が 100 ppm から 400 ppm 条件下で，光の強さと光合成速度の関係を示すと図 2・29 のようになる．二酸化炭

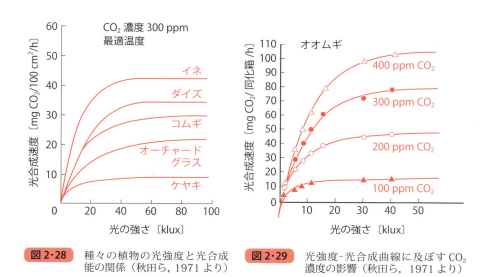

図 2・28　種々の植物の光強度と光合成能の関係（秋田ら，1971 より）

図 2・29　光強度-光合成曲線に及ぼす CO_2 濃度の影響（秋田ら，1971 より）

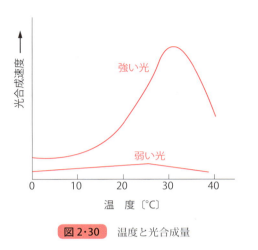
図 2・30　温度と光合成量

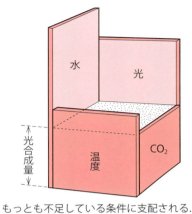
もっとも不足している条件に支配される.

図 2・31　光合成に及ぼす外界の条件

素濃度が高まるほど同一光条件下における光合成速度は高くなっている.

わが国のような温帯における自然条件の温度や光の強さのもとでは，大気中の二酸化炭素濃度は多くの植物の光合成の働きにとって不足の状態にある．大気中の二酸化炭素濃度を高めると光合成速度が上昇するものが多い．温室やビニール栽培において，二酸化炭素の濃度を高めて作物の増収を図ることが試みられている．

温度と光合成速度：二酸化炭素を大気中の濃度とし，光の強さをほぼ光飽和時の強さ（40 klux）として，光合成速度と温度の関係を見ると**図 2・30**のようになる．強い光のもとでは，一定温度（図では30℃前後）に達するまでは，温度が高くなるにつれて光合成速度は大きくなる．しかし，弱い光のもとでは温度の影響をほとんど受けない．

このように光合成は光，二酸化炭素，温度，土中に含まれる水（日本の気候では多くの場合水不足はあまりない）などの外界条件の影響を受ける．また，光合成速度は必要な外界条件の中でもっとも不足している条件によって支配される（**図 2・31**）．このような要因を**限定要因**という．

陽葉と陰葉の光合成

陽葉と陰葉では，光の強さに対する光合成の反応にも違ったパターンを示す．陽葉では，陰葉と比べて光合成における補償点（0.7 klux 以上）や光飽和点（20〜25 klux）は高く，弱光域での光強度-光合成曲線の立上り勾配は緩やかで，光合成速度は低い．陰葉では，光合成における補償点（0.5 klux 以下）や光飽和点（5〜10 klux）は低く，弱光域での光合成速度は高い（**図 2・32**（a））．光合成における陽葉と陰葉の違いは，陽生植物と陰生植物との間でも見受けられる（**図 2・32**（b））．

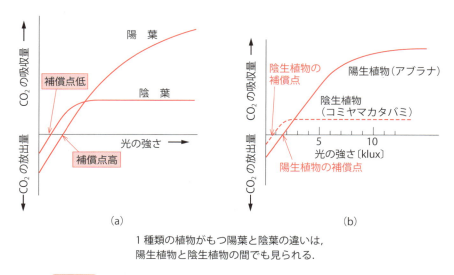

1種類の植物がもつ陽葉と陰葉の違いは，陽生植物と陰生植物の間でも見られる．

図 2・32　陽葉と陰葉および陽生植物と陰生植物の光強度-光合成曲線の比較

2.3　呼吸とエネルギー利用

2.3.1　代　謝

緑色植物はクロロフィル（葉緑素）をもち光のエネルギーを光合成によって獲得できる独立栄養生物である．光合成で得られるエネルギーは地球上すべての生物の生活エネルギーでもある．得られたエネルギーを使って植物は無機物から有

2.3 呼吸とエネルギー利用

機物を合成する能力をもっている．動物や菌類などは，直接あるいは間接に植物を食物として摂取して生きている従属栄養生物である．植物は普通，有機物を食物としては摂取せず，自らがつくり出した有機物を利用して生きている．

生物は食物を摂取し，あるいは自らがつくり出した物質を利用して生命を維持する．一般的には，物質の合成にはエネルギーが必要で，物質の分解ではエネルギーが放出される．生物の体の中では物質が絶え間なく変化を受け，その物質は違った物質に変換されていく．このときエネルギーの受け渡しも起こる．物質の転換が止まってしまうと生物は生きた状態ではなくなる．こうして生物の中では定常的に物質の転換が起こっており，物質の転換に伴って利用可能になったエネルギーを生命維持に使用する．このような物質の変化やエネルギーの利用の過程を**代謝**という．物質の変換は**物質代謝**とよび，エネルギーの利用過程は**エネルギー代謝**という．

生物が低分子物質から高分子物質を合成することを**同化**といい，この反応はエネルギーを必要とする（**図2・33**）．このようなエネルギーを吸い込む反応を吸エネルギー反応または吸エルゴン反応という．したがって，高分子物質の中にはエネルギーが化学エネルギーの形で蓄えられている．一方，高分子物質を低分子物質に分解することを**異化**といい，この過程で高分子物質に蓄えられていたエネルギーが放出される（**図2・33**）．このようなエネルギーが放出される反応を発エネ

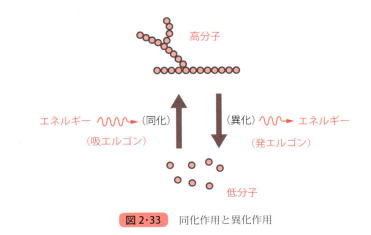

図2・33 同化作用と異化作用

ルギーあるいは発エルゴン反応という．

　エネルギー物質をつくり出す呼吸の過程や，アミノ酸，核酸，糖など生命に不可欠な物質の合成や分解の経路は，生物が違ってもよく似ている．このような共通の代謝を**一次代謝**という．

　生物の種によっては特有な物質がつくられることがある．たとえば，植物のタバコはニコチンをつくるし，ゴムノキはゴムになる樹脂を生産するし，薬草は薬効のある物質を蓄積するといった場合である．そのような，特殊な物質の合成や分解を一次代謝に対して**二次代謝**という．

2.3.2　呼　吸

　グルコース（ブドウ糖）を空気の中で燃やすと二酸化炭素と水に分解されて，グルコースのもっていた化学エネルギーが熱や光となって一気に逃げてしまう．生物はグルコースを利用するとき，紙などを燃やす場合とは違って，一度にエネルギーを放出させない．何段階もの化学反応を経て，徐々にグルコースを酸化し，生ずるエネルギーを逃がさないようにうまく利用する（**図 2・34**）．結局は燃焼と同じようにグルコースは分解されて二酸化炭素と水になる．生ずるエネルギーの総量も燃焼の場合と同じである．そのとき生ずるエネルギーは熱や光ではなく生物が利用可能な **ATP**（アデノシン三リン酸）という形に変えられる．このように酸素を用いてグルコースなどの有機物を分解し，有機物中に蓄えられている化学エネルギーを取り出すことにより ATP を合成する反応を**呼吸**という．

　普通の生活において呼吸というと空気を吸ったり吐いたりする肺の運動をいうことが多い．これは呼吸運動（外呼吸）とよばれる．代謝としての呼吸（細胞呼吸）はもう少し深い内容をもつ．酸素を使った効率のよい ATP の生産の経路全部を呼吸ということが多い．すなわち酸素を吸収し，それを用いてグルコースを酸化して ATP をつくり，生じた二酸化炭素を放出する．空気を吸ったり吐いたりすることはこれに含まれる．呼吸による ATP 生産のエネルギー効率は計算すると約 40% にもなる．効率の点で呼吸はガソリンエンジンなどの内燃機関の効率に勝る．計算上はグルコース 1 分子から 38 分子の ATP ができることになるが，実際には 30 分子程度である．

2.3 呼吸とエネルギー利用

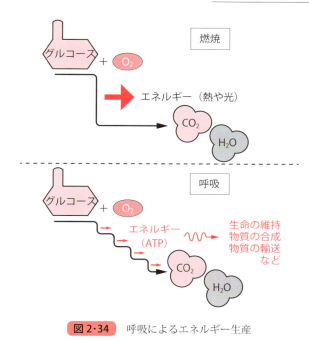

図2・34 呼吸によるエネルギー生産

狭義にはここに述べた典型的な酸素呼吸だけを呼吸とよぶが，酸素の消費を伴わないATPの生産を行う無酸素呼吸や，呼吸における酸素の役割をそれ以外の物質が担う呼吸でその物質の名称を冠した硝酸呼吸や硫酸呼吸などがある．

2.3.3 エネルギーの通貨 ATP

ATPはアデノシンにリン酸が3個ついた化合物である（**図2・35**）．アデノシンは窒素を含む塩基アデニンにリボースという五炭糖が結合したものである．ATPは**高エネルギーリン酸化合物**の一つであり，リン酸どうしの結合が切れ，ATPがADP（アデノシン二リン酸）とリン酸に分解されると，大量のエネルギーを放出する．他の高エネルギーリン酸化合物はその役割が比較的限られているが，ATPは多様な生体内反応に関与して，エネルギーの獲得，貯蔵，転換などに中心的な役割を果たす．また，ATPは植物の体のどの部分にも広く分布している．また，ATPは植物だけでなく，すべての生物が共通してもっている．そのため，

ATPはエネルギーの共通の通貨に例えられる．

ATPがかかわる動物の現象として，ホタルの発光がある．ホタルの発光は，発光物質であるルシフェリンが，ATPの化学エネルギーを光エネルギーに変換することで起こる．細菌がもつATPでも，ルシフェリンの発光は起こるため，医療器具や調理器具などの衛生検査に利用されている．また，動物の死後硬直は，死後にATPがなくなって筋肉でミオシンとアクチンが離れなくなるために起こる．

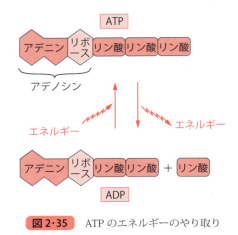

図2·35　ATPのエネルギーのやり取り

ATPは，一つリン酸の少ないADPからリン酸化反応によってつくられる．呼吸などの異化によって生じたエネルギーを使ってADPにリン酸を結合させてATPの生産が行われる．この反応を**酸化的リン酸化**とよぶ．元気な生物の細胞ではATPはADPよりもはるかにその濃度が高い．

ATPのリン酸は他の物質をリン酸化するのに使われて，エネルギーがその物質に移動する．ATPはADPに戻る．このようにして，他の高エネルギーリン酸化合物がつくられることがある．リン酸化された物質はリン酸を放出して生じるエネルギーを用いて，他の物質と結合して新しい分子の合成が起こる．このように，新しい分子を合成するためにもATPのエネルギーが直接あるいは間接に役にたっている．植物が成長したり，運動したり，物質を吸収したりするなど，いろいろな働きのためにエネルギーを提供するのもATPである．

グルコースからATPがつくられる呼吸の経路は大きく分けると三段階からなっている．すなわち，**解糖系**，**クエン酸回路**，および**電子伝達系**である．解糖系は細胞質基質にあるが，後の二つの経路は細胞小器官であるミトコンドリアの中にある（図2·36）．

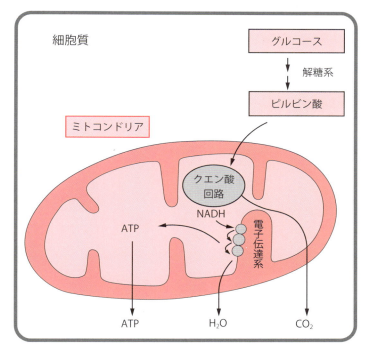

図 2・36 呼吸の経路

2.3.4 糖の分解-解糖系-

　解糖系はドイツの研究者であるエムデン（G. Embden, 1874〜1933）や，マイヤーホーフ（O. Meyerhof, 1880〜1951）らによって明らかにされた経路であるので，**エムデン・マイヤーホーフ経路（EM 経路）**ともよばれている．グルコースは ATP の消費によってグルコース-6-リン酸(G-6-P)となり，フルクトース-6-リン酸（F-6-P）を経て，さらに ATP の消費によってフルクトース-1, 6-リン酸（F-1, 6-P）となる．炭素原子 6 個からなる F-1, 6-P は何段階かの反応を経て炭素原子 3 個からなる物質 2 個に分解されて，ホスホエノールピルビン酸からピルビン酸となる（**図 2・37**）．その際，4 分子の ATP が生産される．F-1, 6-P をつくるときに 2 個の ATP を消費しているので，解糖全体の合計で 2 個

のATPがつくられることになる．この過程では，リン酸が結合した基質が分解されることにより放出されるエネルギーを用いてATPが合成される．これを基質レベルのリン酸化という．解糖系ではATPに加えて2個のNADHがつくられ（NADHについては2.3.5参照），この物質からも電子伝達系（電子伝達系については2.3.6参照）においてATPがつくられる．

解糖系の反応経路には酸素を消費する段階がないので，酸素がなくてもこの段階までATPをつくることができる．解糖系だけでATPをつくり，ピルビン酸からいろいろな物質を生産する生物がいる．このような生物は一般的には微生物であるが，冠水状態など酸素の少ない条件では植物でも起こる．乳酸菌や酵母などの微生物が解糖系だけでATPをつくる過程を発酵という．ヨーグルトや漬物などをつくる際に用いられる乳酸菌は，グルコースを分解して乳酸をつくる乳酸発酵をおこなう．また，酒やビールやパンをつくる際に用いられる

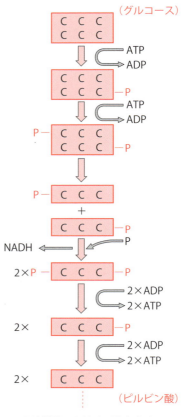

図2・37　解糖系

酵母菌は，グルコースを二酸化炭素とアルコールの一種であるエタノールに分解するアルコール発酵をおこなう．このような発酵ではグルコース1分子当たり2分子のATPができるだけであるから，植物の理論的な38分子に比べ，いかにも効率の悪い生活をしているわけで，その効率はわずか約2%である．

グルコースはまた別の経路で分解されることがある．グルコースからできるG-6-Pは光合成のカルビン・ベンソン回路に似た経路で分解され，この経路では核酸の合成に必要なリボース-5-リン酸や，2.3.10で述べるシキミ酸経路の

原料となるエリトロース-4-リン酸などを生成する．この経路をペントースリン酸経路という．

2.3.5 クエン酸回路

クエン酸回路はトリカルボン酸（TCA）回路ともよばれる．また，発見者クレブス（H. A. Krebs, 1900～1981）にちなんでクレブス回路ともよばれる．植物のような好気的な生物は，解糖系でつくられたピルビン酸をアルコールや乳酸をつくるために使わないで，さらに多量の ATP をつくるために徐々に分解する．そのためにこれらの物質をミトコンドリアのマトリックスに運ぶ．

まずピルビン酸は二酸化炭素と水素を遊離し酢酸となって環状の反応経路，クエン酸回路に入っていく．酢酸とはいっても実際には遊離の酢酸ではなく**補酵素A**

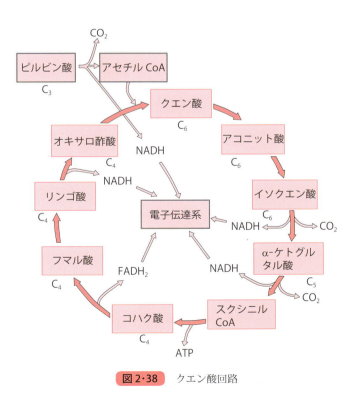

図2・38　クエン酸回路

（**CoA** と書く）にアセチル基が結合したアセチル CoA（活性酢酸ともいう）である．この炭素数 2 個（C_2）の酢酸が炭素数 4 個（C_4）のオキサロ酢酸と結合して炭素数 6 個（C_6）で三つのカルボン酸（トリカルボン酸）をもつクエン酸をつくる．ここが回路の入口である（図 2·38）．

　回路は循環していて 1 回転するうちにクエン酸がアコニット酸，イソクエン酸，α-ケトグルタル酸（2-オキソグルタル酸），スクシニル CoA，コハク酸，フマル酸，リンゴ酸と順次変化し，最後にオキサロ酢酸に戻る．オキサロ酢酸は再びアセチル CoA に由来する酢酸と結合してクエン酸となり回路はまわり続ける．回路が 1 ま

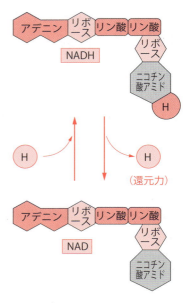

図 2·39　NADH は還元力の運び手

わるうちに，イソクエン酸と α-ケトグルタル酸の脱炭酸反応により 2 か所で二酸化炭素が遊離し，炭素数が一つずつ減少する．またイソクエン酸，α-ケトグルタル酸，コハク酸，リンゴ酸の脱水素反応により 4 か所で水素が遊離する．すなわち回路 1 回転のうちに酢酸が二酸化炭素と水素に分解されることになる．二酸化炭素はガスになって逃げていってしまうが，遊離した水素は水素ガスにはならない．**NAD**（ニコチンアデニンジヌクレオチド）や **FAD**（フラビンアデニンジヌクレオチド）などの水素受容体に受け取られ，NADH と $FADH_2$ になる（図 2·39）．NADH と $FADH_2$ は ATP の合成に働く．

2.3.6　電子伝達

　ミトコンドリアの内膜には，電子の受け渡し（電子伝達）を行うタンパク質が埋め込まれた場所がある（図 2·40）．埋め込まれているタンパク質には，複合体 I（NADH 脱水素酵素），複合体 II（コハク酸脱水素酵素），複合体 III（シトクロム bc1 複合体），複合体 IV（シトクロム c 酸化酵素），ユビキノン，シトクロム c がある．

2.3 呼吸とエネルギー利用

この場所で，解糖系やクエン酸回路で生産された NADH や FADH$_2$ は水素を放出し，再び NAD と FAD に戻る．放出された水素は水素イオンと電子に分かれる．電子は，埋め込まれたタンパク質の間を次々に受け渡され，それに伴って水素イオンがミトコンドリアの内膜から外膜と内膜の間（膜間腔）に運び出される．内膜と外膜との間にたまった水素イオンは ATP 合成酵素を通ってミトコンドリアの内部に戻る．このとき放出されるエネルギーを駆動力にして，ATP 合成酵素によって ADP から ATP がつくられる．ミトコンドリアでは内膜と外膜の間に，葉緑体ではチラコイド膜の内側にたまった水素イオンから ATP がつくられる（図 2·41）．電子伝達を出た電子は水素イオンおよび酸素と結合して水になる．電子伝達における ADP からの ATP の生成は**酸化的リン酸化**とよばれる．

電子の受け渡しを担うタンパク質のひとつである**シトクロム**は四つのピロールからなるポルフィリンであるヘムと結合しており，鉄を含む．光合成の中心的役割を果たしているクロロフィルも，ポルフィリンとマグネシウムからできていて構造がよく似ている．シトクロムの第二鉄（Fe^{3+}）が電子を受け取って第一

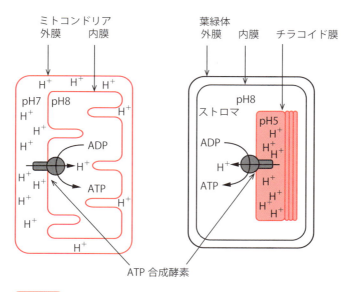

図 2·40　ミトコンドリアと葉緑体の水素イオンの輸送と ATP 合成

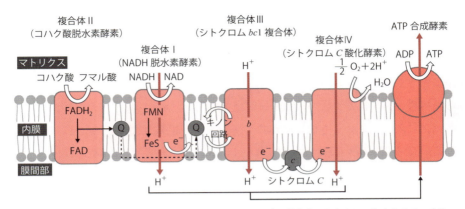

図2・41 ミトコンドリアの電子伝達系とATP合成の模式図

複合体ⅠはNADHを酸化してミトコンドアの膜間部にH$^+$を排出するとともに，複合体Ⅱでつくられた電子伝達成分ユビキノン（Q）に電子を受け渡す．ユビキノンは複合体Ⅲ，シトクロム C を介して複合体Ⅳへと電子を伝達する．この過程でも複合体ⅢとⅣから膜間部にH$^+$が排出される．ATP合成酵素はH$^+$マトリックスに運ぶ際にATPを合成する．

鉄（Fe^{2+}）になり，次の担体に電子を渡してもとの第二鉄（Fe^{3+}）に戻る．このようにして，シトクロムは電子を運ぶ．呼吸毒の青酸（シアン）はシトクロムと結合して電子伝達を阻害する．青酸に阻害されない呼吸が見られるが，これはATP合成には結び付かない．シアン耐性呼吸とよばれ，過剰な反応を調節する機構と考えられている．

解糖系とクエン酸回路において，グルコース1分子から4分子のATPと10分子のNADH，2分子のFADH$_2$がつくられる．電子伝達において，NADH 1分子当たり3分子のATP，FADH$_2$ 1分子当たり2分子のATPがつくられるので，呼吸全体で38分子のATPができる計算になる．ただし，真核生物によっては，解糖系で生じた2分子のNADHを別の物質に変えてミトコンドリアに運ぶ際に，2分子のATPに相当するエネルギーの損失がある．よって，合計でグルコース1分子当り最大36分子のATPがつくられる．

2.3.7 脂肪やタンパク質からもATPができる

ダイズやヒマワリの種子は油脂（脂肪）を多く蓄積している．これらの種子が発芽する際には，脂肪を分解してエネルギーを得る．中性脂肪は脂肪酸とグリ

セロール（グリセリン）からできている．脂肪酸は，炭素原子が2個ずつ酸化的に切断される反応すなわち，**β-酸化**によって分解される．産物はアセチルCoAで，クエン酸回路に入ってNADHやFADH$_2$の生成を介してATPがつくられる．グリセロールはリン酸化されてグリセロリン酸となって解糖系の途中に入り，ATP生産に利用される．

タンパク質はそのままではATP生産には利用されない．まず，加水分解を受けアミノ酸になる．アミノ酸は脱アミノ反応によってケト酸や脂肪酸に変換され，直接あるいは若干の反応を経た後にクエン酸回路に入る．たとえば，アミノ酸の一つであるアラニンからは脱アミノ反応によりピルビン酸ができるし，グルタミン酸からはα-ケトグルタル酸が，アスパラギン酸からはオキサロ酢酸ができる．いずれも，クエン酸回路に入ってATPの合成に使われる．

2.3.8 呼吸の調節

生物が生きていくためには物質代謝を維持し続けなくてはならない．しかし，その速度はいつでも同じではない．たとえば，呼吸は必要に応じて調節されている．呼吸が十分に行われると十分量のATPがつくられるし，不十分であればADPが増える．ATPが十分にあれば解糖系やクエン酸回路はもうそれほど速く進行する必要はない．そのようなときに解糖系やクエン酸回路の進行を調節する仕組みがある．解糖系のホスホフルクトキナーゼやクエン酸回路のイソクエン酸脱水素酵素はATPが多くなるとその活性が抑えられ，ADPが多くなると活性が高くなる．すなわち，呼吸の産物であるATPのできぐあいによってATP生産の速度が調節される．呼吸はその反応の産物による阻害，すなわちフィードバック阻害によってうまく調節されている．

植物の酸素の消費速度，すなわち呼吸速度は植物の種類によっても異なる．これは，呼吸の速度は遺伝的要因によって決まっていることを意味している．しかしまた，呼吸の速度は植物体の部分が異なると違う場合が多く，若い組織か老化した組織かによっても違いがある．たとえば，葉は他の部分よりも呼吸の速度が大きいし，種子はほとんど呼吸をしない．

呼吸によるATP生産には酸素を必要とするので，酸素を含まない窒素ガス中

では呼吸は阻害されるのは当然である．しかし，それでは酸素が多ければ多いほど，呼吸の速度は大きいかというとそうでもない．酸素の濃度が約10%以下であれば酸素が多いほど呼吸の速度は大きくなるが，それ以上では酸素の濃度が高くなっても呼吸速度はほとんど変化しない．また，温度によっても呼吸の速度は影響を受け，40℃くらいまでは温度が高いほど呼吸の速度は大きい．このように呼吸の速度は環境の影響を受ける．ところが，このような環境要因とは違って，光のように呼吸にほとんど影響をしない要因もある．ただし，光呼吸とよばれる二酸化炭素の放出があるが，これは普通の意味での呼吸と異なる．光呼吸は前述したような経路でのATP生産ではなく，過剰な光合成を調節する機構と考えられている．

2.3.9　アミノ酸の合成

呼吸は一次代謝の代表で，呼吸によってつくられるATPはすべての生物にとって重要な物質である．アミノ酸もすべての生物に必要な重要な物質の一つで，その合成はやはり一次代謝の代表である．

アミノ酸はタンパク質の構成成分であって，その特徴は窒素原子を含むアミノ基をもつことである．このアミノ基はアンモニアに由来する．すなわち，窒素固定によってつくられたアンモニアがアミノ酸をつくるのに使われる．土壌中で微生物の働きによって酸化されたアンモニアは，硝酸塩や亜硝酸塩になり，植物の根から吸収

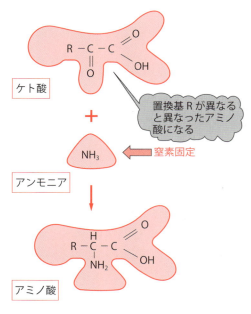

窒素固定によってつくられたアンモニアを利用してアミノ酸がつくられる．

図2·42　アミノ酸の合成

されアンモニアに還元される．窒素は植物の体内ではアンモニアの形で利用される．アンモニアはATPのエネルギーの助けを借りてグルタミン酸と結合しグルタミンとなり，他のアミノ酸や核酸の合成に使われる．生体内の窒素を含む物質はすべてアミノ酸からつくられる（図2・42）．

植物は無機化合物からすべてのアミノ酸をつくることができ，人間のように食物として摂取しなければならない必須のアミノ酸というものをもたない．有機酸の一つであるケト酸にグルタミンまたはアスパラギンからアミノ基が転移することによって，そのケト酸に対応するアミノ酸ができる．

2.3.10 芳香族化合物の合成

環状構造をもつ芳香族の化合物の合成は二次代謝の代表である．これに対して，非環状構造の脂肪族化合物の合成は比較的重要性が低い．芳香族化合物の合成系は**シキミ酸経路**とよばれ，芳香族アミノ酸を経由してつくられる．シキミ酸経路の原料は，解糖系の中間産物であるホスホエノールピルビン酸と，ペントースリン酸経路で生成されるエリトロース-4-リン酸である．この二つの物質が縮合して炭素7個の物質ができた後にシキミ酸が生成される．シキミ酸から何段階もの反応を経て，芳香族アミノ酸であるフェニルアラニン，チロシン，トリプトファンができる（図2・43）．シキミ酸経路に由来する二次代謝物の合成の出発はフェニルアラニンからアンモニアを取り去る酵素反応で，反応の産物は桂皮酸である．この反応を触媒する酵素は**フェニルアラニンアンモニアリアーゼ（PAL）**とよばれる．この酵素の活性は，光などの環境要因によって影響を受ける．

木材や細胞壁の成分であるリグニンはこのシキミ酸経路の代表的な産物である．また，皮をなめす働きのあるタンニンもシキミ酸経路に由来する．フラボノイドやアントシアンといった色素もこの代謝経路の産物である．植物を暗いところで育てるともやしとなって黄白色になるが,光が当たると植物に色がつくのは，フェニルアラニンアンモニアリアーゼの活性が上がって色素の合成が盛んになることが部分的に関係している．花や果物の色が光に影響されるのも，この酵素の活性が光によって高まり色素が合成されることが関与している．

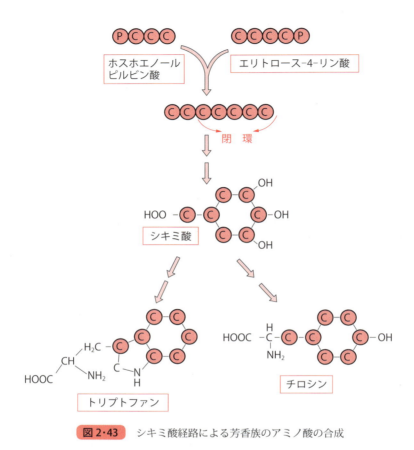

図 2・43 シキミ酸経路による芳香族のアミノ酸の合成

2.3.11 テルペン類の合成

　テルペン類は，炭素の数が5個の**イソプレン**を基礎単位としている．テルペン類の生合成経路には，メバロン酸を中間体とする**メバロン酸（MVA）経路**と，メバロン酸が関与しない**非メバロン酸（MEP）経路**がある．MVA経路は細胞質で働き，ステロールなどが合成され（**図 2・44**），MEP経路は葉緑体で働き，カロテノイドなどが合成される．テルペン類が，イソプレンを基礎単位としているのは，イソペンテニルピロリン酸がテルペン類合成の出発物質であり，ちょうどイソプレンとピロリン酸が結合した形となっているからである．たとえばイソ

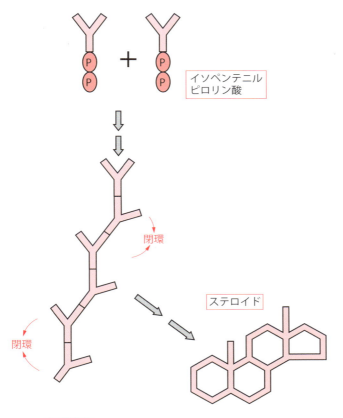

図2·44 メバロン酸経路によるステロイドの合成

ペンテニルピロリン酸二つからゲラニルピロリン酸がつくられ，さらにモノテルペン類が合成される．ゲラニルピロリン酸にイソペンテニルピロリン酸が次々に付け加えられてさらに大きい分子ができる．

　2個のイソプレン単位からなる炭素数10個のものをモノテルペンといい，代表的なものとしてメントールやショウノウがある．3個のイソプレン単位からなる炭素数15個の化合物はセスキテルペンといい，植物ホルモンであるアブシシン酸がこの仲間に入る．4個のイソプレン単位からなるものをジテルペン，以下6個からなるものはトリテルペン，8個からなるものはテトラテルペンなどという．多数のイソプレン単位からなるポリテルペンとしてはゴムやチューインガム，

松脂などがある．

2.3.12 ポルフィリン

　動物のヘモグロビンは鉄，植物のクロロフィル（葉緑素）はマグネシウムを含んでいる．動物と植物に共通にあるシトクロムは，呼吸によってATPをつくるのに重要な酵素であり鉄を含んでいる．これらのいろいろな物質の中の鉄やマグネシウムなどの金属イオンは，**ポルフィリン**とよばれている構造に取り囲まれ，いわば保護されている．ビタミンB_{12}はポルフィリンの中にコバルトを含んでいる．

　ポルフィリンはクエン酸回路に現れるスクシニルCoAともっとも簡単なアミノ酸であるグリシンから合成されるδ-アミノレブリン酸からできる．δ-アミノレブリン酸2個から五角形で環状のピロール環ができる．これがさらに環状に4個つながってポルフィリンができる．光合成の中心物質であるクロロフィルもこのようにして合成される（**図2・45**）．植物の獲得するエネルギーは光合成に依存しているので，ポルフィリンの合成は非常に重要であるといえる．

　植物の光に対する反応に関係しているフィトクロームという色素もピロール環が4個からなる構造をもっている．フィトクロームがポルフィリンと異なるところは，4個のピロールが環状ではなく鎖状につながっていることである．ヘモグロビンのヘムが壊れて

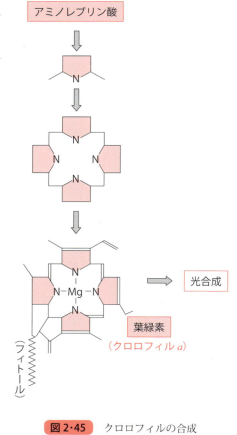

図2・45　クロロフィルの合成

できる胆汁色素であるビリルビンやビルベルジンとその点でよく似ている．

2.3.13 核酸の合成

核酸は **DNA（デオキシリボ核酸）** と **RNA（リボ核酸）** の二つのグループに大別される．DNA は，5 個の炭素からなるペントース（2-デオキシリボース）と 4 種類の塩基とリン酸が 1 単位となっている．DNA の塩基はアデニン，グアニン，シトシンとチミンである．DNA を構成する 1 単位を**ヌクレオチド**といい，DNA は，それらが何十億個つながった鎖状の構造をしている（**図 2・46**）．この鎖は 2

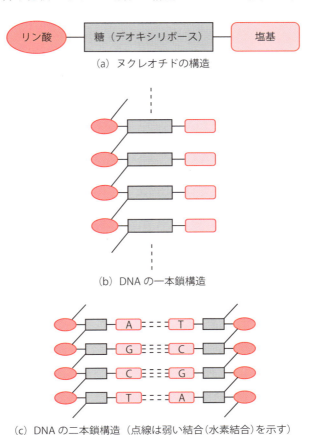

図 2・46　DNA の構造

本あり，互いに弱い結合力（水素結合）で2本鎖がらせんを構成している．これをDNAの**二重らせん**とよぶ．DNAのヌクレオチドにはデオキシアデニル酸（A），デオキシグアニル酸（G），デオキシシチジル酸（C），デオキシチミジル酸（T）の4種類があり，4種類のヌクレオチドのつながり方の順番のことを**塩基配列**という．次に示すのは，DNAの2本の鎖の塩基配列の例である．たとえば次のようになっている．

　　　　……ATAGCCGTAGGACT……　（1本目）
　　　　……TATCGGCATCCTGA……　（2本目）

1本目と2本目の相対する塩基は必ず，AにはTが，GにはCが対応している．DNAが合成されるときには，1本の二本鎖がほどけて別々の1本鎖になる．その鎖の上で新しい鎖がヌクレオチドからつくられる．この過程をDNAの**複製**という．その際に，それぞれの鎖上にある4種類の塩基は，対になることのできるヌクレオチドと結合し，対をつくりながら新しいDNAの鎖を合成するので，できた新しい鎖はもとのDNAの鎖と同じ構造をしていることになる．結局，同じ塩基の配列をもった二重らせんのDNAが2本でき，このようにして同じ遺伝情報をもった遺伝子が複製される．もとの鋳型になったDNAに由来する古い鎖は合成されたDNA二重鎖の半分になるので，このような複製を**半保存的複製**という（**図2・47**）．

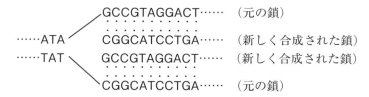

2本鎖を構成しているヌクレオチドはただ乱雑に並んでいるのではない．DNA鎖にあるヌクレオチドの並び方がアミノ酸の並べ方を決めている．形質を決めているのはタンパク質である．タンパク質を決めているのはアミノ酸の並び方なので，結局アミノ酸の並び方はDNAが決めている．つまり，DNAが遺伝子の本

体で，DNAが形質を決定することになる（**図 2・48**）．

DNAにはアミノ酸の並び方に関する情報は書かれているが，DNAから直接タンパク質はできない．DNAのタンパク質に関与した情報は別のよく似た核酸であるRNAに写し取られる．RNAも塩基とリン酸と糖の単位からできているが，次の2点でDNAと異なる．まず，糖はデオキシリボースではなくリボースである．次に塩基は，アデニン，グアニン，シトシンまでは同じだが，チミンの代わりにウラシルが使われる．DNAの遺伝情報を読み取ったRNAは**伝令RNA**（**mRNA**）とよばれる．このようなRNAの合成を**転写**といい，触媒する酵素はRNAポリメラーゼ（RNA合成酵素）とよばれる．真核生物において，転写直後のRNAは，まだmRNAとして完成しておらず，mRNA

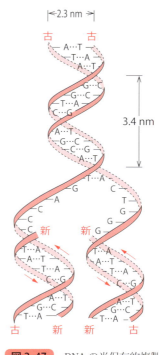

図 2・47 DNAの半保存的複製

になる部分（タンパク質の遺伝情報をもつ部分）と取り除かれる部分がある．mRNAになる部分を**エキソン**といい，取り除かれる部分を**イントロン**という．イントロンの部分を取り除く過程をスプライシングという．スプライシングされたmRNAの一方の末端にはキャップ構造が付加され，もう一方の末端にはポリA配列という構造が付加され，mRNAは完成する．

DNAにはアミノ酸の情報が書き込まれていて将来mRNAに転写される情報以外に，リボソームRNA（rRNA）とトランスファー（転移）RNA（tRNA）

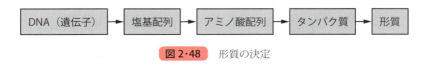

図 2・48 形質の決定

の情報が書き込まれている．これらは，RNA 分子として機能する．そのほかにも DNA にはタンパク質をコードしていない領域（非コード DNA 領域という）がたくさんあり，シロイヌナズナでは DNA 全体（ゲノム DNA）の約 70% も占め，ヒトでは 98% 以上ともいわれる．そのため，非コード領域の DNA の役割についても現在研究が進められている．

2.3.14 タンパク質の合成

mRNA は核の中から核膜に開いている核膜孔を通って細胞質に移動する．mRNA の塩基配列に対応してアミノ酸が並び，隣のアミノ酸と結合することでタンパク質が合成される．この過程を**翻訳**という．mRNA の三つの連続した塩基が1組となって特定のアミノ酸を指定する．細胞質に移動した mRNA にはリボソームという数十種類のタンパク質が rRNA と複雑に結合した装置が取り付く（**図 2・49**）．リボソームには大きなサブユニットと小さなサブユニットの2種類がある．翻訳をするときにはこの二つのサブユニットは合体している．この装置を目ざしてアミノ酸を1個連れてくるのが tRNA である．tRNA はその端にアミノ酸をつけている．この tRNA の一部は mRNA に写し取られている情報に対応している．たとえば，上の mRNA の最初の UAU を認識する tRNA はチロシンというアミノ酸

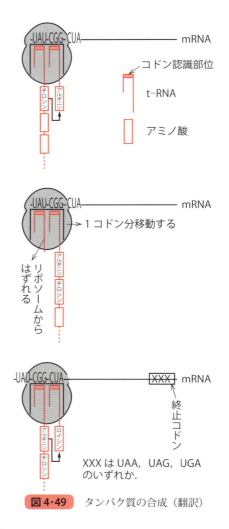

図 4・49　タンパク質の合成（翻訳）

を端につないで mRNA に結合しているリボソームにやってくる．リボソームは tRNA を mRNA 上で安定させる役割を果たしている．次の CGG にはアルギニンというアミノ酸を連れてくる別の tRNA がやってくる．UAU や CGG のようにアミノ酸1個に対応する3個の塩基の組合せを**コドン**（暗号）という．

　リボソームには一度に二つの tRNA が収まるスペースが用意されている．そこで，リボソームにはいつも二つの tRNA が並んで mRNA に一時的に結合している．この並んだ tRNA の端についているアミノ酸どうしがペプチド結合するので，アミノ酸が2個結合したものができる．次の CUA を認識する tRNA はロイシンというアミノ酸を端につけてやってくる．このようにして，mRNA 上の九つのヌクレオチドの配列から，チロシン・アルギニン・ロイシンという3個のアミノ酸が結合される．同じ過程が繰り返され，mRNA 上をリボソームが移動し，次々とアミノ酸を mRNA の情報に従って結合していくと，ついに完成したタンパク質が合成される．タンパク質の完成はこれでアミノ酸は終わりという最後のコドンの次に終止コドンとよばれるものがあり，このコドンにリボソームがくると，もはや tRNA はリボソームの中には入ってこないので，リボソームが大小のサブユニットに分裂し，翻訳が終了する．

2.3.15　多糖の合成

　動物と異なり，植物は大量の多糖を含んでおり，これらの多糖はグルコースなどの単糖が重合した高分子である．たとえば，植物の種子に含まれているデンプンや細胞壁の主な成分は多糖である．今までのところ，核酸やタンパク質のように鋳型や設計図に従って合成されているという証拠はないが，多糖の種類によってほぼ決まった構造をしている．

　種子の貯蔵多糖はほとんどの場合**デンプン**で，グルコースが α-1,4 結合でつながった多糖である．また，ところどころで，α-1,6 結合によって枝分かれがあるものがある．枝分かれがないデンプンをアミロースといい，枝分かれのあるものをアミロペクチンという．枝分かれのあるアミロペクチンの方が粘りけが強い．また，枝分かれの度合いによっても粘りけが変化する．もち米のデンプンは，ほぼ100％がアミロペクチンであるが，うるち米の場合は，アミロースが20％程

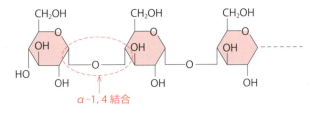

(a) デンプン

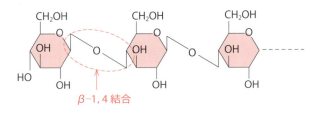

(b) セルロース

図 2・50 代表的な植物多糖

度含まれる．日本で，おいしいお米といわれているものは，一般に，粘りけをもたらすアミロペクチンの含量が高い．うるち米のアミロースの含量を半分程度にした低アミロース米が開発されている．アミロース含量が低いと，調理した米が冷めても硬くなりにくくなることから，低アミロース米は弁当やおにぎりに利用されている．デンプン合成の原料は ATP とグルコースからつくられる ADP-グルコース，または UTP とグルコースからつくられる UDP-グルコースである．セルロースは，グルコースが β-1,4 結合でつながったものである（**図 2・50**）．

　デンプン以外の貯蔵多糖として，秋にヒマワリとよく似た花をつけるキクイモの塊茎やダリヤの球根（塊根）などに含まれるイヌリンはフルクトース（果糖）の重合したものである．イヌリン合成の原料はスクロース（ショ糖）である．スクロースはフルクトースとグルコースからなる二糖で，そのフルクトース部分がイヌリンに使われる．

　植物によって多糖ではなくスクロースなどのオリゴ糖（少糖）を貯蔵糖とするものもある．たとえば，サトウキビやビート（サトウダイコン）はそのような

植物の例である．スクロースは，UDP-グルコースとフルクトースまたはフルクトース-6-リン酸を原料としてスクロース合成酵素やスクロースリン酸合成酵素によってつくられ，UDPが放出される．スクロース合成酵素の働きによってスクロースからUDP-グルコースとフルクトースがつくられる．生理的には合成よりもこの反応のほうが主として起こるらしい．

2.3.16 細胞壁の合成

植物の細胞の周囲は細胞壁で囲まれており，細胞壁の主成分は各種の多糖である．これらの多糖はグルコース，ガラクトース，キシロース，アラビノースなどの中性糖，グルクロン酸，ガラクツロン酸，などの酸性糖から主にできている．いずれの多糖の場合でも，単糖がUDPと結合したUDP-糖が合成の原料となる．合成の際にはUDP-糖の糖部分が多糖に取り込まれ，UDPが放出される．

UDP-糖は互いに転換することができる．たとえば，**UDP-グルコース**は4-エピメラーゼという酵素の働きでUDP-ガラクトースに転換し，またUDP-グルコース脱水素酵素の働きでUDP-グルクロン酸にも転換される．さらに，UDP-グルクロン酸はUDP-グルクロン酸脱炭酸酵素の働きでUDP-キシロースに転換される．このように，UDP-グルコースから他のUDP-糖がつくられる（**図2・51**）．なお，UDP-グルコースは，UTPとグルコース-1-リン酸から，ある酵素の働きによって合成される．

セルロースは電子顕微鏡で観察できる細胞膜の上の顆粒によって合成される．この顆粒はセルロース合成装置とよばれる．このセルロース合成装置にはセルロース合成酵素が含まれており，UDP-グルコースを基質として，グルコースをβ-1,4-グルコシド結合させる．セルロース合成装置には複数のセルロース合成酵素が含まれているので，セルロースが合成されると，すぐにそれぞれのセルロース分子間に水素結合が生じて**ミクロフィブリル**が形成される．セルロース合成装置の配置や移動は細胞質表層微小管によって規制される．このため，成長中の細胞では，合成されるセルロースのミクロフィブリルの配向は微小管の方向と一致していることが多い．結晶性のミクロフィブリルは細胞壁の骨格となっている構造である．ミクロフィブリル間には各種の非セルロース性の多糖がマトリックス

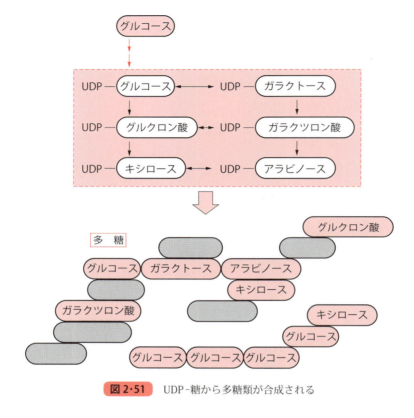

図 2・51 UDP-糖から多糖類が合成される

として，セメントの役割を果たしている．

　非セルロース性の多糖は細胞膜では合成されない．細胞内のゴルジ体においてほとんどが各種の UDP-糖から合成される（**図 2・51**）．合成された多糖は細胞膜まで輸送され，細胞壁に放出される．

第3章 発生と形態形成

3.1 発生と成長

3.1.1 成長のパターン

　胚のう内の卵細胞と花粉管内の精細胞とが受精し，種子中の胚に成長するのは主に**細胞分裂**によっている．さらに，種子の形成や発芽のとき胚から幼植物が分化・成長してくるのも主に細胞分裂による．細胞の数が増加して，いろいろな器官に分化している．細胞分裂によって生じた若い植物細胞の断面は四角で，内部は細胞質で満たされている．そのような細胞は成長して形が大きくなり，その結果として植物体が大きくなる．たとえば，茎が空に向かって伸びていくという成長では，茎を構成している細胞は縦方向に伸び，その成長は伸長成長とよばれる．成長の様式は動物と植物では異なる点が多い．動物の成長は，細胞が分裂し細胞の数が増えることによって起こることが多い．植物でも細胞が増えるという成長は根や茎の先端部において見られる．

　根は先端部から根冠，根端分裂組織，伸長部域，成熟部域により構成されている．成長は主として分裂組織と伸長部域で起こる．分裂組織での細胞分裂によって細胞数の増加が起こり，根は土壌の中で伸びていく．細胞分裂は根の比較的先端部だけで起こるので，成長は先端成長的であるが，分裂組織に続く伸長部域では細胞の伸長成長が起こる（**図 3・1**）．根の成長はこのように細胞分裂と細胞伸長が混合したものである．分裂組織と伸長部域では主に無機塩類が吸収される．成長する部域のさらに基部は成熟した部域で，主として根毛などを生じて水の吸収を行う．根の成長は温度や水によって影響される．細胞分裂は盛んな代謝に依存しているので温度には敏感である．低温では細胞分裂速度が遅くなって根の成長が抑制される．また，水の供給がある程度悪いほうが根の成長はよい．根は水を探

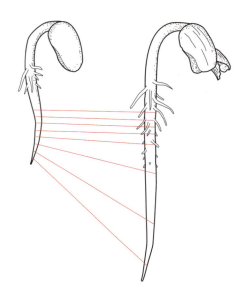

先端に近いほどよく伸びる．

図3·1 根の成長

し求めて伸びていくからであろう．根が水を求めて屈曲する反応を水分屈性とよぶ．

　頂端（茎頂）分裂組織では細胞分裂によって細胞が新たに生産されるが，全体的にいうと茎の細胞の成長は**吸水成長**によっている．吸水成長とは細胞が外部から水を細胞の中に取り入れて細胞の体積を増大させることである．植物細胞の中には液胞とよばれる水のタンクがあるが，動物にはそのような細胞小器官はない．この液胞中にはイオン，アミノ酸，有機酸，糖などが溶けている．それによって生じる**水ポテンシャル**の差によって液胞が吸水し，植物細胞の成長は起こる．純水の水ポテンシャルの値はゼロであるが，水にいろいろな物質が溶けると，その水の水ポテンシャルは小さくなってマイナスの値（浸透圧が高い）になる．純水と溶液を，半透膜を挟んで接触させると，水は水ポテンシャルの大きい純水から水ポテンシャルの小さい溶液に移動する．水ポテンシャルの小さい液胞液は細胞の外から水を吸い込んで細胞の体積を大きくする．すなわち，茎細胞の体積拡大

は液胞液の低い水ポテンシャルによって起こる．

葉の成長は細胞分裂と細胞の拡大成長からなっている．初めは細胞分裂によって細胞の数の増加が起こるが，やがて徐々に細胞分裂が停止する．葉がまだ若い間には，細胞分裂は双子葉植物の幅の広い葉では葉の周辺部に，イネやムギなどの単子葉植物の幅の狭い葉では基部に見られる．以後の葉の成長は主に細胞の拡大によっており，葉の面積の増加が起こる．

3.1.2 極性

植物の体制は一つの軸をもってでき上がっているように見える．軸の両極は頂芽と根端である．軸に沿って生理的な性質は変化していて，これを**極性**とよぶ．

植物にとって根と地上部の境界が基部で，茎や根の先端は頂端である．極性を示す現象の典型としてオーキシンの移動がある．オーキシンは茎の先端の芽や若い葉で合成され，基部に向かって**求底的**に**極性移動**する．基部に到達したオーキシンは，さらに根の先端に向かい**求頂的**に移動する．植物全体として見るとオーキシンの移動は一方向だが，茎では先端から基部へ，根では基部から先端に向かう方向になる．

植物の部分を切り出してもその植物の切片は極性を保っている．たとえばヤナギの小枝を切り出して湿った容器に入れておくと根と芽が生ずる．その小枝のもともとの先端を上にしておくと，上の部分から芽が生じ下の部分から根が生ずる（**図3・2**）．ところが，これをひっくり返しても，もともとの下の部分から根が，下になったほうからは芽が生じる．このようにして，1878年にヴェヒティング（H. Vöchting, 1847～1917）は，小枝は切り出されても極性を失わないことを示した．極性は植物の体のあらゆる部分にあり，おそらく細胞の一つ一つが極性をもっていると考えられ，植物の成長のパターンは極性に従って発現する．

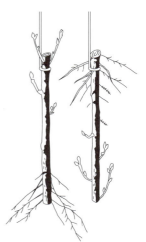

図3・2　ヤナギの小枝の再生実験（Pfeffer, 1904より）

3.1.3 生　殖

　植物は子孫をつくるために種子をつくる．種子は花からできるが，種子をつくるために直接関係している花の部分はおしべ（花糸）に生ずる花粉とめしべ（花柱と柱頭）の根元にある胚のうである．おしべの先端にできる葯の中に花粉があり花が開くと成熟する．他方，柱頭は粘液を出して花粉を受け入れる準備をする．

　被子植物の多くは，同じ花の中におしべとめしべをもつ．シロイヌナズナやイネなどは，同じ花の中で，自身の花粉がめしべに付着することにより受精が起こり，種子を形成する．このように，同一個体に生じた配偶子の間で受精が起こる現象を**自家受精**という．これに対して，自己と非自己の花粉を識別し，自家受精を避ける仕組みを**自家不和合性**という．自家不和合性は遺伝的多様性の維持に重要な働きをもち，多くの植物がこの仕組みを発達させている．自家不和合性の性質をもつ植物では，花粉の発芽を抑制したり，花粉管のめしべへの侵入を阻害したり，花粉管の伸長を抑制することで受精を防いでいる．

　自家不和合性は，花粉側とめしべ側に因子があり，それらが相互作用することによって，自己と非自己を認識し，引き起こされている．この仕組みは，「カギとカギ穴」の関係にたとえられる．アブラナ科の植物では，花粉がもつ「カギ」とめしべがもつ「カギ穴」が一致すれば，自己の花粉が受粉したと認識し，花粉の吸水や発芽が阻害される．異なる植物体の花粉であっても，「カギ穴」と一致する「カギ」をもっていれば，自己と判断され，自家不和合性が起こる．

3.1.4　植物の発生

　種子は，受精と胚発生を経て形成される．いちばん初めのステップとして，花粉がめしべに付着する．次に，めしべの柱頭についた花粉は発芽して花粉管とよばれる管を花柱の中に侵入させる．次いで花粉管の中を二つの精細胞が移動していく．花粉管は，助細胞が分泌する花粉管誘引物質に導かれて胚のうに到着する．花粉管の中の精細胞の一つは卵細胞と合体して受精卵となり，胚に発達し，他の一つの精細胞は二つの極核と合体して三倍体の胚乳に発達する．花粉管細胞の核は生殖には関係しない．被子植物においては，このように二つの核が受精に関与

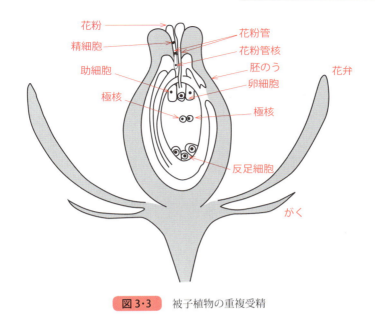

図 3・3　被子植物の重複受精

している，**重複受精**とよばれている（図 3・3）．

　受精卵は細胞分裂を繰り返して，双子葉植物では Y 字型の胚となり，単子葉植物ではかたよりのある J 字型の胚となる（図 3・4）．このようにして，子葉，胚軸，幼根などの器官が分化し，種子ができる．種子ができると，胚はいったん休眠する．発芽の条件が揃い休眠がとけると，胚から発芽して根が出て子葉が出る．アサガオを植えると 2 枚の双葉が出るが，これらは子葉である．双子葉植物には発芽して土の上に子葉を出すキュウリ，ダイズ，ダイコンなどの植物（地上型）と，エンドウ，アズキなどのように子葉が土の下に残り，初めて土の上に出る葉は子葉ではない植物（地下型）がある（図 3・5）．単子葉植物には，はっきりとした子葉がないものがある．単子葉植物であるイネ科植物などが発芽したときに出てくる緑の葉は子葉ではなく，子葉の側方に生ずる茎頂組織から出る幼葉である．イネ科植物では，胚盤とよばれる胚と胚乳の間にある組織が子葉に相当する．この胚盤は双子葉植物がもつ二つの子葉の一つに相当し，他方の子葉が発達しないと考えられる．ネギなどでは発芽すると一つの子葉が伸びる．

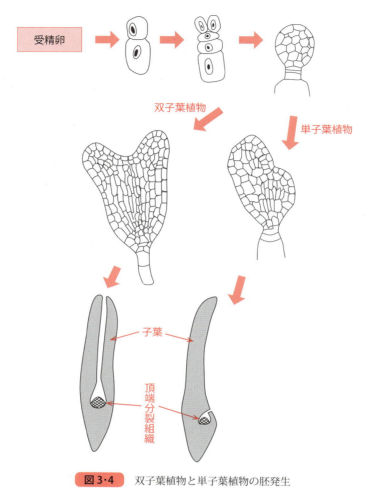

図 3・4 双子葉植物と単子葉植物の胚発生

3.1.5 種子の休眠

　植物の胚は受精後種子になるまでは母体に守られる．種子になると母体から離れて発芽に適した時期まで活動を休止する．植物が活動を一時的に休止することを **休眠** という．種子の休眠は植物がその一生において初めて行う環境に対する適応である．環境が植物の生活に適当でないときには種子は発芽しないほうが好都合である．まちがって冬の寒いときに発芽すれば，寒さのために幼植物は死んで

3.1 発生と成長

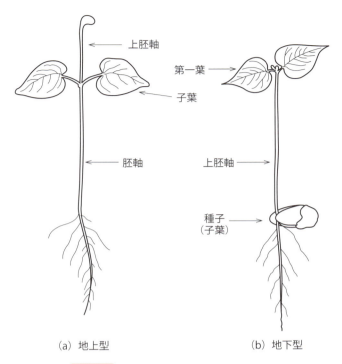

(a) 地上型　　　(b) 地下型

図 3・5　植物の芽生え（地上型と地下型）

しまうかもしれない．乾燥した時期に発芽しても水がなくて枯れてしまうだろう．植物の成長に適当な環境のもとでだけ種子は発芽し，悪いときには発芽しない．このための仕組みが種子の休眠である．種子は休眠した幼植物である胚と，それを取り巻く器官からなっている．休眠は胚自身の働きによる場合と，胚のまわりの器官の働きによる場合とがある．

　胚自身に原因がある場合，内生の**植物ホルモン**のバランスが休眠を維持しているか，胚が未熟なために発芽しないなどが，その原因になっている．たとえば，種子にはすぐに発芽できるものもあるが，数週間の休眠の後に完熟して発芽能力を獲得するものもある．また，光や低温にさらされて発芽能力を得る種子があるが，そのような環境要因が植物ホルモンのバランスを変えて発芽を誘導する．たとえば，ある品種のレタスは，水や温度などの環境が整っても，光が当たらなけ

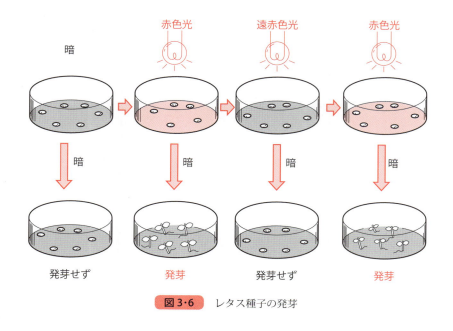

図 3·6 レタス種子の発芽

れば，発芽しない．このように発芽に光を必要とする種子を**光発芽種子**という．このレタスでは，赤色光によって種子の発芽が誘導される（**図 3·6**）．赤色光を当てた後に遠赤色光を当てると発芽が抑制される．続いて赤色光を当てると再び発芽が誘導され，また遠赤色光を当てると発芽が抑制される．このように，光可逆性があることから，このレタス種子の発芽は**フィトクローム**（3.2.2 参照）の制御を受けていることがわかる．光を受けて活性化したフィトクローム（Pfr）は核に移動し遺伝子の発現調節を介して，発芽抑制ホルモンであるアブシシン酸の合成を抑え，逆に休眠打破（発芽促進）を行うジベレリンの合成を促す．畑を耕すと，よけいに雑草が生えてくる場合があるが，これは発芽に光を必要とする雑草の種子が，耕すことによって光にさらされて発芽したと考えられる．ジャガイモの塊茎や落葉樹の芽の休眠も，アブシシン酸とジベレリンによって制御されている．

　種皮が酸素や水の透過を抑制して種子の生理的活性を低い状態にとどめるなど，種子を囲んでいる組織が休眠の原因であるものがある．種皮はロウ質や脂質

を含んでいるため水の透過を妨げているので、種皮を一部はく離したり、種子を針で突いたり、あるいは濃硫酸で処理したりすると発芽が容易になる。アサガオの種子は濃硫酸で30分程度処理をすると容易に発芽するようになる。

このほかにも、アブシシン酸やジベレリンとは別種の生理活性物質が働いて休眠が維持されたり、休眠が打破されたりする場合があり、発芽抑制に働くいろいろな物質が見いだされている。たとえば、奈良の春日山にはナギの純粋な林があり、ナギの実は土の上にたくさん落ちている。このナギの実からナギラクトンという成長阻害物質が見つかっており、これが他の植物の種子発芽を抑制する。シカはナギの葉を食べないことも手伝って、ナギの純粋林ができたと考えられる。ちなみにナギは針葉樹であるマキ属の植物であるが、針葉ではなく幅の広い葉をもつ。

3.1.6 発 芽

種子の中では、すでに子葉、胚軸、幼根などの器官が分化している。種子の発芽はこれらの器官の成長の再開であって、その第一段階は水の吸収である。これは単なる物理的な現象で、乾いたタンパク質が水を吸うだけである。続いて吸水の一時的な停止の時期がくる。このときに種子の中では代謝活性の変化が起こり、種子が目を覚ます。種子にはすでに合成された多くの酵素が脱水状態で含まれており、吸水することによって活性が現れる。呼吸に関係した酵素は吸水後すぐに働いて、種子は酸素を吸収し始め、ATPが生産される。続いてmRNAやタンパク質の合成も始まり、新しく合成された酵素が現れる。たとえばオオムギでは、α-アミラーゼの合成が開始

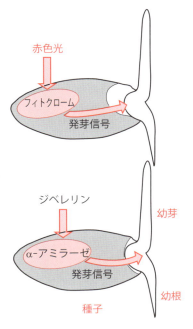

図3・7　光や植物ホルモンによる発芽の誘導

される．胚でつくられたジベレリンがこの酵素の合成を促進する．

　生理活性や呼吸活性が上昇し，胚乳や子葉から栄養が供給され胚が成長し始め，定常的な吸水が起こり，やがて種子を目で見ても発芽が観察される．成長した幼根が種皮を破って現れてくる．これから先の変化は発芽というよりはむしろ成長とよぶほうが適している．発芽とよばれる現象は，吸水の開始から幼根の出現までのことである（**図3・7**）．

3.1.7　器官の発生

　種子植物は，栄養器官である根，茎，葉から構成されている．成長が進むと，生殖器官である花を形成する．茎と根の先端部には**頂端分裂組織**という分裂組織があり，茎のものを**茎頂分裂組織**，根のものを**根端分裂組織**という．これらの組織は未分化な細胞からできており，細胞分裂が活発に起こっている．分裂した細胞から根，茎，葉のもとになる組織がつくられ，そこからそれぞれの器官が形成される．

　茎や根の分化は，オーキシンとサイトカイニンのバランスで決定される．切り出した植物組織を適当な濃度のオーキシンとサイトカイニンを含む培地で培養すると，細胞分裂が起こって不定形の細胞のかたまりである**カルス**ができる．カルスの細胞は未分化で，カルスのかたまりの一部分を切り出して新しい培地に植えると，そのかたまりは大きなかたまりへとさらに成長を続ける．このように，分化した器官や組織が，分化した性質を失うことを**脱分化**という．カルスをいろいろな濃度に組み合わせたオーキシンとサイトカイニンを含む培地に移植すると，カルスから根や茎葉が再生する．一般に，オーキシンの割合が多いと根が分化し，サイトカイニンの割合が多いと茎葉が分化してくる．オーキシンとサイトカイニンのバランスを調節すると，植物体の一部から植物体全体を再生することが可能である．このように，分化した生物の一部から，その生物の個体全部の体制をつくる能力を**分化全能性**（**全形成能**）とよぶ．

　双子葉植物の花では，一般に，外側から内側に向かって，がく片，花弁，おしべ，めしべが同心円状に配置している（**図3・8**）．花は，葉や茎と同様に，**茎頂分裂組織**から形成される．花は葉が変化したものであり，葉から花への分化の切りか

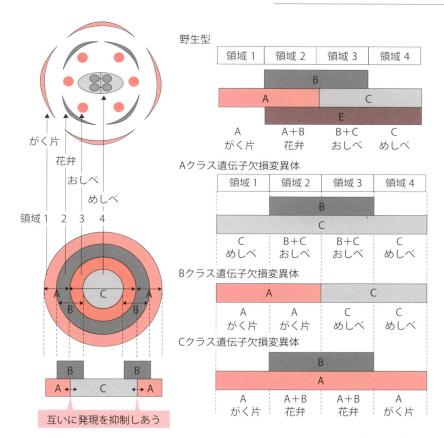

花器官のそれぞれの発生の場は A, B, C, E の 4 つのクラスの調節遺伝子の組合せによって規定されている. 欠損変異体では E 遺伝子の発現は示していない.

図 3・8 花器官の模式図と ABC (E) モデルおよび遺伝子欠損変異体の花のつくり

えは, クラス A, B, C とよばれる 3 つのクラスの遺伝子の組み合わせによって調節されている. このモデルは, 1991 年にマイェロビッツ (E. M. Meyerowiz) らによって提唱され, ABC モデルとよばれている. このモデルは, シロイヌナズナの花の形態に異常をきたすホメオティック突然変異体の解析によって生み出されたものであるが, 系統的にかなり離れたキンギョソウにも当てはまることから, 一般的なモデルとして支持されている.

クラス A の遺伝子が単独で働くとがく片が, クラス A と B の遺伝子が働くと

花弁が，クラスBとCの遺伝子が働くとおしべが，そしてCクラスの遺伝子単独ではめしべが分化する．クラスAの遺伝子は，がく片と花弁の領域においてクラスCの遺伝子の働きを抑制している．また，クラスCの遺伝子は，おしべとめしべの領域においてAクラスの遺伝子の働きを抑制している．これらのことから，A遺伝子の働きが失われた場合にはC遺伝子が花全体で働き，逆にC遺伝子の働きが失われた場合にはA遺伝子が花全体で働く．Cクラス遺伝子は茎頂分裂組織の活動を停止する働きももち，この働きが失われることにより，細胞分裂が続き，がく片と花弁が繰り返し分化する．A, B, Cの3つのクラスの遺伝子がすべて働かないと，葉が形成される．実験的に葉を花に変化させるためには，A, B, Cの遺伝子に加えて，クラスEの遺伝子の働きが必要である．この遺伝子は，花弁，おしべ，めしべの分化に関わっている．クラスEの遺伝子を加えたモデルは，ABCEモデルとよばれている．

3.1.8 頂芽優勢

頂芽が成長をしているときは，側芽の成長が抑制される．この現象は側芽抑制，あるいは**頂芽優勢**とよばれる．頂芽を切り取ると側芽が成長を始める．ところが，頂芽を切り取った切り口にオーキシンを与えると側芽の成長が抑制されたままである．また，オーキシンの移動を阻害する物質，たとえばNPA（ナフチルフタラミン酸）やTIBA（2, 3, 5-トリヨード安息香酸）などを茎の周囲に与えると，それよりも下の側芽が成長を始める．これらのことから，頂芽から供給されるオーキシンが側芽の成長に関与していることがわかる（**図 3・9**）．

ところが，実は頂芽でつくられたオーキシンは直接に側芽に達して成長を抑制しているわけではない．頂芽を切り取った植物の側芽にオーキシンを塗っても，側芽は成長する．また，側芽に直接サイトカイニンを与えると側芽は成長を始める．このサイトカイニンによる側芽の成長促進は，頂芽があってもなくても起こる．これらのことから，頂芽優勢は頂芽から供給されるオーキシンが側芽の成長を促進するサイトカイニンの合成を抑えることにより，側芽の成長を抑制していると考えられている．

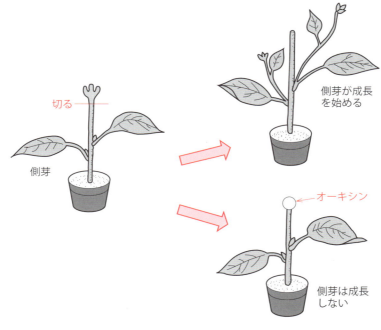

図 3·9 頂芽優勢を示す実験

3.2 開 花

3.2.1 光周性と開花

多くの植物は毎年春や秋の同じころに花を咲かせる．開花時期は何によって決まるのかを知ることは植物生理学における一つの課題であった．種子の発芽後，植物体は時間の経過とともに根・茎・葉の成長（栄養成長）を行い，ある大きさに到達する．生殖成長に適当な時期になると，頂芽（茎頂分裂組織）あるいは側芽（腋芽）で花芽が分化し始め，つぼみ・花・果実などの生殖器官を形成する（**図 3·10**）．開花の仕組みを知れば，植物の開花を自由に制御して穀物を実らせるなど食糧増産に結び付けることができる．植物にとって花をつける第一段階は花芽の形成である．

開花というと花弁が開くことと受け取られかねない．開花は花芽形成と同義で

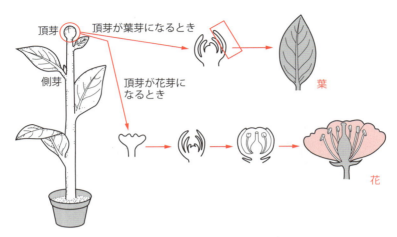

頂芽や側芽は，葉にも花にも分化することができる．

図3・10 葉芽や花芽の分化と形成

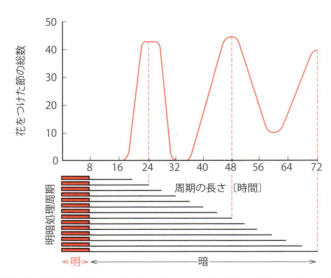

植物体は強光（1 000〜1 500 ft-cd）による8時間の明期と，それに伴うさまざまな長さの暗期からなる光周期で，7回処理された．10個体当たりの花芽形成を起こした節の総数が，周期の長さに対して記録されている．

図3・11 さまざまな光周期の長さに対するダイズ（ビロキシ種）の花芽形成反応（Hamner, 1963より）

使われることがあるが，厳密な意味の場合は花成あるいは花芽形成という用語を使うほうが混乱しない．

植物には短日条件で花芽をつける**短日植物**と長日条件で花芽をつける**長日植物**がある（3.2.3 参照）．ビロキシという品種のダイズは短日植物である（**図3・11**）．8時間の明期を与えた後，異なる長さの暗期を与えると全体の周期が24時間またはその整数倍，すなわち48時間，72時間のときに最大の花芽の分化を起こす．その中間の36時間，60時間の周期のときには花芽は分化しない．花芽の分化は一種のリズムをもった反応によっていると思われる．植物でも内因的な周期性すなわち内生リズムの存在が認められており，花芽形成にもこのリズムが何らかの形で関与している．この花芽分化などのように明暗の光の周期に反応する性質を**光周性**とよぶ．

3.2.2 光受容体

図3・12のように，8時間の明期，16時間の暗期という明暗周期は多くの植物にとって典型的な短日条件で，この条件下に置かれると短日植物（3.2.3 参照）は花芽を分化する．暗期の途中，光を短時間与えて暗期を分断すると短日植物は花芽を分化しない．このような暗期中の光処理を**光中断**とよぶ．また，明期4時間と暗期8時間（明期8時間，暗期16時間と同じ明暗の比率）にしても短日植物は花芽を分化しない．これらの事実から，短日植物の花芽の分化には一定時間

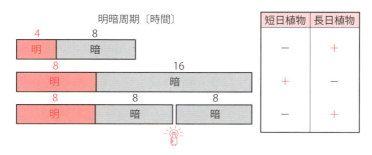

光を当て，暗期を中断することを光中断という．

図3・12 種々の明暗周期を与えたときの短日および長日植物における花芽形成の有無（＋，－）

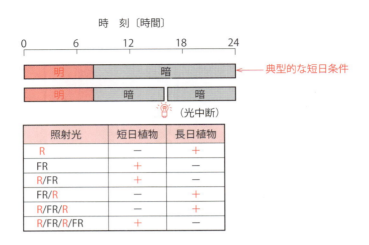

図 3・13 赤色光・遠赤色光による光中断の効果

以上の連続した暗期が必要であることがわかる．長日植物は，短日植物が花芽を形成しない明暗周期で花芽を分化する．長日植物は短日植物に比べて光中断には鈍感である．

光中断は暗期を否定する処理で，暗期とは光中断に有効な光がないことと言い換えることができる．植物にとってどのような光が明期なのだろうか．光中断の光の作用スペクトルをとると，660 nm の赤色光が，短日植物の花芽分化の阻害と長日植物の花芽形成にもっとも有効であることがわかる．さらに，光中断のために照射した赤色光に続いて 730 nm の遠赤色光を与えると，赤色光による光中断は打ち消される．赤色光と遠赤色光とを何回か引き続いて照射すると最後に与えた光の作用が出現する（**図 3・13**）．これにより，植物による日長の計測には**フィトクローム**が関与していることがわかる．

前述のように，一定時間以上の連続した暗期が与えられると短日植物は花芽を

分化する．それでは，短日植物に一定時間以上の連続した暗期だけが与えられればよいかというとそうではない．短日植物の明期における光要求性は比較的高いようである．たとえば，日光の照射時間を1時間から8時間に延長していくと，ダイズの花芽形成反応はそれに従って増加する．また，5～8時間という一定時間の明期を用いた場合，花芽の分化は光の強度が増大するに従って増加する．

　短日植物でも明期には強い光が与えられ，かつCO_2が供給されることが必要である．これは，明期に強光下で植物に十分な光合成を行わせ，暗期中の反応に必要なエネルギーを蓄える必要があると考えられる．この強光照射の作用には光合成による栄養蓄積という意味だけでなく，フィトクロムが関与している．発芽間もないアサガオは子葉に十分な栄養をもっているが，そのまま暗所に置いても花芽を分化しない．しかし，強光を2時間与えた後に暗所に移すと花芽を形成する．花芽の分化にもっとも有効な明期の光は赤色光である．この赤色光の作用は遠赤色光によって可逆的に打ち消される．つまり，暗処埋前の光照射の作用にもフィトクロムが介在している．ドクムギのような長日植物は明期の光に赤色だけでなく遠赤色光が含まれていると花芽の分化に効果が大きいが，このほか青色光も有効な場合があり，**クリプトクロム**の関与も考えられる．

3.2.3　短日植物と長日植物

　花芽の分化には，光条件，特に日の長さが決定的な役割を果たしていることが，1920年アメリカのガーナー（W. W. Garner, 1875～1956）とアラード（H. A. Allard, 1880～1963）によって明らかにされた．

　メリーランドマンモスという品種のタバコは普通に育てると冬まで花をつけない．冬になると成長が遅くなって種子ができてこない．栽培農家はなんとかうまく花を咲かせて種子をとりたいと思っていた．このタバコは冬期に温室内で育てると花をつけた．温室内でも夏には開花しない．ところが，冬期に温室で育てても電灯照明を行い明るい時間を延長すると花芽をつけなかった（**図3・14**）．夏に暗箱に入れ明るい時間を短縮すると花をつけた．花芽の形成には，植物の大きさや成長時間の長さはかかわらない．このことから花芽をつける要因は日の長さであることがわかった．

温室内で冬期の自然日長(短日)　　温室内で夜間電灯照明(長日)

図 3・14　日長効果が発見されたときのメリーランドマンモス種のタバコの実験

　ビロキシという品種のダイズは，初夏に種子をまくと発芽後生育を続け，晩秋に開花する．春から夏にかけて約 10 日間ずつ遅らせて種子をまいてもダイズはいずれもほとんど同時に晩秋に開花した．ここでも花芽をつけるのに成長時間の長さはかかわらないことがわかる．また，冬季に種子をまいて温室内で育てると，小さな植物体にも花が咲いた．この実験からも植物が花をつける時期を決める要因は日の長さであることがわかる．植物は季節によって変化する日の長さ，すなわち**日長**を感じる何らかの機構をもっている．

　一日の昼と夜の周期を人工的にいろいろと組み合わせた光条件でタバコを育てて花芽形成を調べたところ，昼がある時間より短くなると花をつけることがわかった．さらに昼夜の周期を 24 時間ではなくいろいろに組み合わせた実験から，昼の長さではなく夜の長さが重要であることがわかった．すなわち，この植物は暗い時間の長さがある時間よりも長くなると花芽をつけることがわかった．このような花芽を分化するかしないかの境界となる暗期の長さを**限界暗期**とよぶ．限界暗期の長さは植物によって，または同じ植物でも品種によって異なる．暗期の長さが限界暗期よりも長くなるような条件を**短日**とよび，暗期の長さが限界暗期

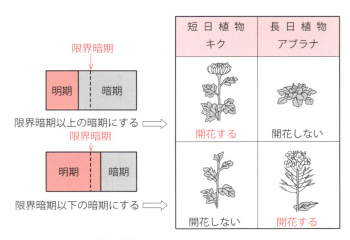

図 3・15 限界日長と開花の関係

よりも短くなる条件を**長日**とよぶ．ある植物にとっては短日条件でも，他の植物にとっては長日条件であるということがある．**限界暗期**のときの昼の長さを限界日長とよぶことがある．

タバコのメリーランドマンモスの限界暗期は 10 時間である．暗期が 10 時間とすると，明期の長さは 14 時間となり，夜よりも昼が長いのにこの植物にとっては短日ということになる．このタバコのように短日条件で花芽をつくる植物を**短日植物**，長日条件で花芽をつくる植物を**長日植物**とよぶ．実際には植物は夜の時間が長い・短いで開花の時期を決めているので，短日植物あるいは長日植物というよび方は適当ではないが，ガーナーとアラードによって用いられてから，そのよび名が定着している．**図 3・15** に示したような反応をするものが典型的な短日および長日植物である．さらに明期や暗期の長さにかかわらず花芽を形成する植物を中性植物，暗期がある範囲にあるときに花芽を形成する中間植物，短日から長日に条件が変わることによって花芽を形成する短長日植物，それと反対に長日から短日に変わると花芽を形成する長短日植物，より短日か，またはより長日で花芽を形成し中間の日長では花芽をつけない両日植物などがある．しかし，花芽形成に不都合な日長の条件でも齢が進むと花芽をつける植物は多いし，花芽形成に都合のよい日長条件下でもある程度齢が進まないと花芽を形成しない植物も

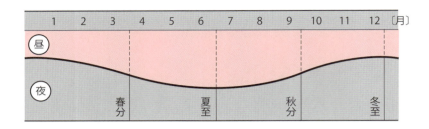

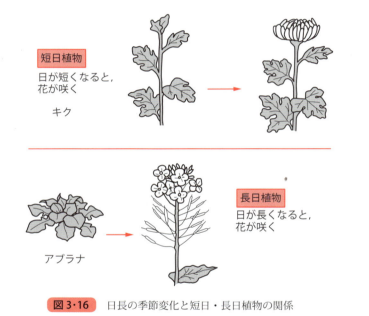

図 3・16 日長の季節変化と短日・長日植物の関係

多い.

　短日植物には，アオウキクサ，アカザ，アサガオ，オナモミ，キク，コスモス，シソ，ダイズ，ブタクサ，ベゴニア，イチゴ，ケナフ，サツマイモ，タバコ，イネ，クロスグリなどがあり，秋に花が咲く植物が多い．**長日植物**の例としては，コムギ，オオムギ，ドクムギ，ホウレンソウ，ダイコン，シロイヌナズナ，ヒヨス，イボウキクサ，エンドウ，ソラマメ，レタス，ハクサイ，キンセンカ，ヤグルマソウ，ジャガイモがあり，春に咲く植物が多い（**図 3・16**）．

中性植物として，タマネギ，パパイア，ハナミズキ，スギ，メロン，シクラメン，ソバ，トマト，オリーブ，ライマメ，ウキクサ，ブドウ，タンポポ，ツタ，キュウリが，**中間植物**としては，トウガラシ，スズメノヒエ，カナダアキノキリンソウが，**短長日植物**としては，スズメノテッポウ，オーチャードグラス，フランスゼラニウム，**長短日植物**としては，キダチコンギク，アロエ，夜咲きジャスミン，ベンケイソウの類などが，**両日植物**には，インゲンマメなどがある．近縁の植物でも一方が短日植物で一方が長日植物であるなど，系統だけで短日や長日植物が決まっているわけではない．その植物が生育していた環境でより生き残れるように獲得した形質と考えられる．

3.2.4　花成ホルモン

▎歴史

花芽をつけるのに都合のよい条件下で葉を切り取ると花芽を形成しないという実験から，日長を感じるのは葉であることがわかった．花芽を形成するための刺激は葉が感受し，信号が葉から頂芽や側芽に伝えられ，花芽誘導が起こると考えられる．

アサガオやオナモミは，ただ1回だけの短日処理を受けるだけでも花芽を分化する．オナモミは，1枚の葉を覆って短日条件に置くと，他の部分を長日条件にしておいても，花芽を分化させる（**図3・17**）．光周期はある程度成熟した葉が感受する．感受には1枚の葉全部を必要とせず，オナモミでは1枚の葉の数分の一程度を残して後を切り取っても短日で花をつける．

このような事実から，葉でつくらた物質が頂芽や側芽に運ばれ，花芽を誘導すると考えられるようになった．この仮想の物質は，1937年，旧ソ連のチャイラヒヤン（M. Kh. Chailakhyan, 1901～1991）によって**花成ホルモン**（フロリゲン）と名づけられた．

短日処理を行ったオナモミを長日条件で栄養成長しているオナモミに接ぎ木すると，栄養成長をしていたオナモミに花芽が形成される（**図3・18**）．また，栄養成長をしている2個体をあらかじめ接ぎ木し片方だけに短日処理を施すと，もう一方の個体でも花芽が分化する．これらの事実は，光周誘導を受けた葉で花成ホ

図3・17 オナモミの花芽分化（Hamner and Bonner，1938 より）

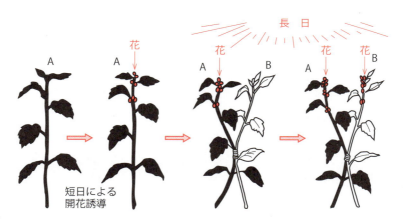

図3・18 接木による花芽の分化（Hamner and Bonner，1938 より）

ルモンが生産され，これが接ぎ木面を通過して移動し，光周誘導を受けなかった植物において花芽の形成を引き起こすことを示している．

異種の植物の接ぎ木によっても花芽分化が見られる．たとえば，短日性のタバコ（*Nicotiana tabacum*）と長日性のタバコ（*Nicotiana sylvestris*）を接ぎ木して長日の条件下に置くと，短日性のタバコにも花芽が分化する．長日性のタバコがつくった花成ホルモンが短日タバコに移動して作用したと考えられる．また，接ぎ木した二つのタバコを短日条件に置くと，長日性のタバコにも花芽ができる．したがって，花成ホルモンは短日植物でも長日植物でも同じか共通の作用をもつ物質であると考えられる．また，短日植物のタバコと長日植物のヒヨスのように属の異なる植物を接ぎ木しても同様の現象が観察される．接ぎ木した両方の植物をそれぞれ花芽形成に不都合な日長に置くと両方に花芽がつかない．タバコとヒヨスは同じ科の植物であるが，異なる科の植物間での接ぎ木実験は成功例がほとんどない．

ムラサキという品種のアサガオは短日植物で，芽ばえを14時間以上の暗期による1回の短日処理で花芽形成が誘導される．その短日処理の暗期終了直後に子葉を切り取ると花芽がつかない．暗期終了後4時間たってから子葉を切除すると花芽の分化が見られた．

オナモミでも1回の短日処理の暗期終了後少なくとも2〜4時間は葉を残しておかなければ花芽の形成は起こらない．花成ホルモンは暗期中か暗期の直後に葉で合成され，明期になってから頂芽や側芽に移動すると考えられる．花成ホルモンの移動速度は，1時間に30 cm以上と考

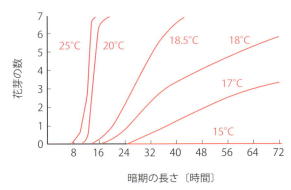

図中に示した温度は暗期の温度．

図 3・19　アサガオ芽生えにいろいろな長さの暗期を1回与えたときの花芽分化（Takimoto and Hamner, 1964 より）

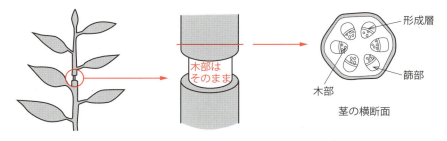

図3・20 環状剥皮（形成層から外側，つまり篩部を含んだ樹皮をはぎ取る）

えられている．花成ホルモン合成の誘導に重要な暗期の温度が低いと暗期の効果は小さくなる（**図3・19**）．アサガオの芽生えに，暗期を1回だけ与えると暗期の温度が高い（25℃）ときは，その暗期の長さが9時間前後で花芽を分化する．温度が低い（17〜18℃）ときは，暗期を長くしなければ花芽は分化しない．

　暗期の直後に葉を切り取ると花芽が形成されないことから，花成ホルモンは葉で合成された後，芽に移動して働くと考えられる．このとき，花成ホルモンは篩部を通る．葉柄や茎を部分的に熱で殺したり，環状剥皮（**図3・20**）を行い，篩管を傷つけると，花成ホルモンが芽に運ばれないので花芽の分化が見られなくなる．葉柄をアルコールやエーテルで湿らせたり，冷やすと花芽がつきにくい．

3.2.5　花芽誘導に関与する物質

　花芽誘導に影響がある物質としてはサリチル酸，ニコチン酸，ピペコリン酸，ポリアミン，ジベレリンなどいくつか知られている．花成ホルモンの生物検定では感度を上げるため限界暗期ぎりぎりの条件を設定するなどが行われるので，花芽の誘導であるのか誘導された花芽への成長かは判然としないことがある．既知の植物ホルモンは花成を促進したり阻害したりすることがあるが，少なくとも植物ホルモン一つだけでは花成ホルモンの働きをしない．

3.2.6　遺伝子

　花成ホルモンが想定されて以来，多くの研究者がその単離を試みたが，長らくその実体は不明のままであった．長日植物のシロイヌナズナにおいて，花芽形成

3.2 開花

が遅くなる突然変異体が数多く単離され，原因遺伝子の解析が進められた．その中に，*FLOWERING LOCUS T*（*FT*）という遺伝子があり，この産物であるFTタンパク質が花成ホルモンの実体であると2005年に提唱された．

花成ホルモンは，日長条件に応じて葉で合成され，茎頂に移動し，花芽形成を引き起こすことが要件である．また，花成ホルモンは，植物の種を超えて共通であり，台木から接ぎ穂へ移動できないといけない．*FT*遺伝子は葉で日長条件に応じて転写・翻訳されタンパク質となり，師管を通って茎頂分裂組織に移動することがわかった．また，茎頂に移動したFTタンパク質は，あるタンパク質と結合し，花芽の分化に関わる遺伝子の発現を誘導することが示された．*FT*遺伝子が機能しない*ft*変異体と*FT*遺伝子を強制的に発現させた植物を接ぎ木すると，FTタンパク質が*ft*変異体に移動し，*ft*変異体の花芽形成が促進された．また，長日植物のシロイヌナズナにおいてFTが発見されたのとほぼ同時期に，短日植物のイネでは，FTと似たアミノ酸配列をもつHd3aタンパク質が，短日条件において葉で合成され，茎頂に移動して花芽形成を引き起こすことがあきらか

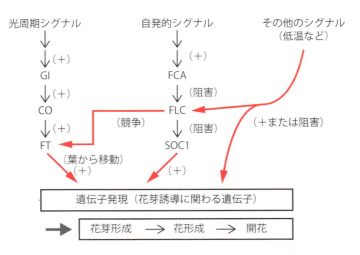

日長（光周期）シグナルはFTタンパク質を介して葉から茎頂部に伝達される．FTを介さずに花芽形成に影響を与える別のシグナル経路もある．

図3・21　花芽形成のシグナル伝達

となった．この *Hd3a* 遺伝子をシロイヌナズナで発現させても，逆に，*FT* 遺伝子をイネで発現させても，花芽形成が促進された．このように，FT タンパク質は，花成ホルモンの要件を満たしていることから，花成ホルモンの実体であると考えられている（**図 3・21**）．また，光周性依存的な経路以外に，自発的（自律的）な花成を促進するシグナルの伝達経路や他の環境要因（例えば低温など）によるシグナル伝達経路も花芽形成に関わっている．

3.3 組織培養

3.3.1 歴 史

昔から園芸では挿し木を使い植物を増やしていた．枝を植物体から切り離して根があったほうを土に埋めると，土に埋めたほうから根が出て，反対側からは葉が出てくる．つまり枝から一個体の植物が再生できることは古くから知られていた．1939 年フランスのゴートレ（R. J. Gautheret, 1910 ～ 1997）とノブクール（P. Nobécourt）は別々にニンジンの根の組織をオーキシン（インドール酢酸）と無機栄養などが入った培地上で培養することにより，細胞を連続的に分裂させることに成功した．それまでは，このような組織を培養しても 1，2 回しか分裂が起こらなかった．細胞が分裂してできたものは不定形の細胞のかたまりで，これは**カルス**と名づけられた．もともと分化していた組織の細胞が不定形のどの組織とも似ていない細胞になった．このように分化していた細胞がその特徴を失って未分化な状態になることを**脱分化**という．植物に傷をつけるとその傷をふさぐためにできる組織のカルスに似ていたので，これもカルスとよばれた．この細胞はいつまでたっても緑にはならず，葉も根も出なかった．細胞は分裂するのだから，後は分化を誘導できれば，個体に再生できる，つまり再分化できるはずであった．

オーキシンが培地に加えられていると，たまに分化が誘導できることもあったが，どの植物でもうまくいくとは限らなかった．そこで多くの研究者が何を培地に加えればよいかを研究した．アメリカのスクーグ（F. Skoog, 1908 ～ 2001）は古い標品の DNA を培地に加えると，カルスの増殖が促進されることを見いだした．ところが，新品の DNA 標品を使うとその効果がなく，新品の DNA 標品

をわざと高温処理して部分的に分解させると細胞分裂活性が出てきた．分離した活性物質は**カイネチン**と名づけられ，サイトカイニンとよばれる一群の植物ホルモンの最初の例となった．後に，培地に入れるオーキシンとサイトカイニンの量的なバランスをうまく調節すると，カルスから，根や茎や葉が再生してくることがわかり，植物から一度脱分化した組織を再生できるようになった（3.1.7 参照）．

この発見は次に，植物を細胞レベルで扱い，その細胞から個体を発生させる技術に結び付いた．1 個の細胞からもとの植物個体を再生できる能力を，**分化全能性（全形成能）** とよぶ．植物の細胞は全能性をもっているが，動物の細胞はなかなか 1 個の細胞から個体を再生することができない．この原因は，分化した後の動物細胞では，使われない DNA の情報が修飾されて変化するからであると考えられている．

3.3.2 胚と不定胚

植物の種子の中には，すでに将来植物に育つ小さな胚とよばれる組織が完成している．胚には小さな葉や根が含まれている．胚は育つと一個体の植物になるが，前述した脱分化した細胞から一個体の植物ができるときにはどのようになっているのであろうか．分化せずに未分化の状態で培養されている細胞では，特徴のない同じような細胞が分裂してカルスとして増えていくが，外部からオーキシンやサイトカイニンが適当な比率で与えられると，比較的小さな細胞質に富む細胞が分裂で増えてひとかたまりになる．このような細胞群を**不定胚**とよぶ．種子の中にできた胚ではないので不定胚という名前がついている．

3.3.3 プロトプラスト

植物の細胞は細胞壁で囲まれていることが大きな特徴であるが，細胞壁のない植物の細胞を**プロトプラスト**という．プロトプラストをつくるためには，培養した細胞を細胞壁分解酵素（ペクチン分解酵素やセルロース分解酵素など）で処理をする．細胞壁のない細胞はまわりの培養液の浸透圧が低いと破裂してしまうので，浸透圧を高めるため培養液に高濃度の糖などを含ませておく必要がある．植物細胞の場合，細胞融合には，プロトプラストを用いる．細胞融合とは，複数の

細胞が融合して一つの細胞になる現象である．異なる植物種を融合させた雑種細胞や同種の細胞を融合させた倍数体の細胞が品種改良に利用されている．また，プロトプラストには細胞壁がないため，遺伝子導入がしやすい．プロトプラストをある条件で培養すると細胞壁が再生して，細胞分裂を始める．培養を続ければ植物個体にまで成長する．

3.3.4 カルス

3.3.1 でも述べたように，もともと植物に傷をつけると傷口をふさぐために不定形の白い細胞のかたまりができる．そこで，この性質を利用して葉や茎などを植物体から切り出し，その切断面からできる組織だけを切り離し，栄養分を含む寒天の上に置いて分裂を持続させる試みがなされてきた．現在はさまざまな植物由来のカルスを永続的に培養する条件が種々考案されているので，試験管やフラスコの中でほぼ永久的にカルスを培養することができる．ただし，このような栄養分を含む寒天を空気中に放置しておくと，カビや細菌が繁殖して植物の細胞の成長を妨害するので，無菌的条件で培養する必要がある．

植物のカルスを培養するための栄養分としては大きく分けて無機栄養成分と有機栄養成分がある．無機栄養成分にはカリウム，硝酸，リン酸，カルシウム，マグネシウムイオンなどの多量成分のほか，鉄，マンガン，亜鉛，ヨウ素，ホウ酸，銅，モリブデンなどの微量成分が必要である．有機成分としては，ビタミンB群であるミオイノシトール，ニコチン酸，ピリドキサール，チアミンが必要である．また，直接の炭素源としてはスクロースが用いられる．これらに合成オーキシンであるナフタレン酢酸（NAA）と合成サイトカイニンであるカイネチンなどを含ませた1%程度の寒天の上で培養を行う．カルスは葉緑体が発達していないので，光合成ができず，炭素源がないのでスクロースが必要であるのは当然である．また無機成分の大部分は土壌に根を張っている場合は根から吸収されるものなので，根のないカルスには外から与える必要がある．また，ビタミンB群はもともと完全な植物では生体内で合成できる経路をもっているので，カルスになった細胞はこの機能を失っていることを意味するのであろう．

3.3.5　葯培養

　植物は花をつけるとき花粉をつくる．植物のほかの細胞は核の中に2組の遺伝情報をもっている．これを**二倍体**という．しかし，花粉にはその半分の遺伝情報しか含まれていない．これを**半数体（一倍体）**という．花粉に含まれる遺伝情報は受粉すると，めしべの中にあるやはり1組の遺伝情報しか含まれていない卵細胞と合体してもとの二倍体となり，新しい個体に成長する．

　さて，育種は植物を掛け合わせ，人類にとって有用な植物をつくり出す技術である．優れたある性質をもつ個体から花粉をとり，その性質はもたないがそれ以外は優れた個体のめしべにつけて新しい個体を作成する．もし，運よく新しい個体がそれぞれの親のもつ優れた形質をすべて備えていたら，新しい品種としてすぐに利用できるかというと，そうではない．その理由は，新しい個体に含まれる優れた遺伝子が二倍体として存在している2組の遺伝子の両方に含まれていなければならないからである．

　優れた形質についての**優性遺伝子**をA，**劣性遺伝子**をaとする．Aとaは対立遺伝子である．AAとaaをホモ接合体，Aaをヘテロ接合体という．片方の親に優性遺伝子があっても，もう片方には優性遺伝子がないので，掛け合わせて得られる子どもにはAaというヘテロな遺伝子の組合せが存在している．この種子が新しい品種として販売され種をまいて収穫されると，この種子の子どもには優性と劣性の形質が3：1に分離する．25%のaaをもつ個体にはその優れた性質が発現してこない．つまり，4個に1個は不良品が出るわけである．種子を販売するときは，まいたら100%優れた形質が発現するようにしておかなければならない．そのためには，販売する種子はこの形質に関してすべての種子でAAというホモの組合せが備わっている必要がある．また，もとの親に備わっていた別の優れたホモの組合せで存在していた形質は，掛合せによって新たに生じた個体ではヘテロになっている可能性もある．そこで，通常**戻し交配**という作業が行われる．新しい個体の花粉をもとの親のめしべにつける．できた子孫をていねいに調べて，Aという性質をもっているものを選んで，またその花粉をもとの親のめしべにつける．通常この操作を7回行い，常にAという性質を発現するホモ

の個体を選抜して，その種子を販売することになる．もしこの植物が1年に1回しか収穫できないものなら，種子を販売するまでに7年間かかる．この期間を短縮することが長年の育種の夢であった．

この夢を実現したのが**葯培養**である．**葯**とは花粉が入っている袋のことである．花粉は前述したように二倍体ではなく，1組の遺伝情報しか入っていない．もしこの情報を受粉という過程を経ずに倍にすることができると有利な点がある．たとえばAの遺伝子をもっている花粉をそのまま2倍の情報をもつ細胞にすると，AAという遺伝情報をもつ二倍体ができる．二倍体を適当なホルモンや栄養分を含む培地で分裂させると，そこから個体が再生される．この個体は受粉ではできるかもしれないAaという遺伝情報をもたないので，花粉から再生した個体に，もし期待している性質が出ていれば，その遺伝子の組合せはAaではなく，AAであることが保証されることになる．この利点を生かすと，今までかかっていた期間をほぼ半分に短縮できることがわかった．

それでは，どのようにして花粉の細胞を2組の遺伝情報をもつ二倍体にするのであろうか．細胞は分裂する前に核に含まれるDNAを複製して倍加する．通常はこのDNAは分裂する2個の細胞に均等に分配されるので，もとのDNAの量に戻る．ところが，もしDNAだけ倍化させて細胞分裂を起こさせないようにすれば，もとのDNAの倍の量が細胞に含まれることになる．葯培養はコルヒチンという細胞分裂を阻害する薬で処理して，花粉に含まれる半分のDNAを倍にして通常の細胞と変わらない二倍体にすることでできる．このとき，もとのDNAがそのまま複製されて倍になるので，Aという優性形質をもつ遺伝子がそのまま倍化されてAAに，bという劣性形質をもつ遺伝子がそのまま倍化されるのでbbになる．つまり，対立遺伝子が必ずいつも同じ組合せでAaやbBのようなヘテロな組合せが生じないことがポイントである．

3.3.6　遺伝子導入

植物細胞に遺伝子を導入する方法には，**アグロバクテリウム**という土壌細菌を用いる方法と細胞にDNA分子を直接注入する方法がある．アグロバクテリウムは植物に感染するとクラウンゴールとよばれるコブをつくる．このコブはその細

菌が直接つくるのではなく，その細菌内に存在するゲノムとは別のDNA，**プラスミド**がコブの形成を引き起こす．このプラスミドはTi（tumor inducing）プラスミドとよばれる．アグロバクテリウムが植物に感染しても植物細胞の中には侵入しない．その代わり，プラスミドの一部が植物細胞の中に入り，そのDNAが植物の核DNAに取り込まれる（**図3・22**）．植物の核DNAに取り込まれる領域をT-DNA（transfer DNA）とよぶ．

T-DNAにはオーキシンであるインドール酢酸，サイトカイニンの働きをするイソペンテニルアデニンを合成する遺伝子が含まれており，プラスミドに感染した細胞は，自分に必要以上のオーキシンとサイトカイニンをつくってしまう．すると，細胞は分化していた形態から脱分化した細胞を分裂で生み出し，増殖してコブができる．さらにこのプラスミドには植物が利用できないが，アグロバクテリウムが利用できるオパインという特殊なアミノ酸を合成する遺伝子が含まれている．そのため，コブの細胞ではオパインが合成されるようになる．

プラスミドのDNAのうちコブをつくるために必要なT-DNAの領域だけが切り出され植物細胞内に送り込まれる（図3・22①）．そのT-DNAは核内に移行して植物の核DNAに取り込まれる（同②）．取り込まれたDNAは転写され，オーキシン，サイトカイニン，オパインを合成する酵素が細胞内で翻訳によって生産される（同③）．過剰なオーキシンとサイトカイニンの働きで，プラスミドを挿入された細胞だけが分裂し，細胞外に自分は利用できないオパインを放出する（同④）．アグロバクテリウムは植物の細胞と細胞の間のアポプラストにいて，細胞から漏れてくるこの植物が利用できないオパインを栄養源として生きていく．つまり，アグロバクテリウムは植物自身を食いつくすのではなく，植物細胞を自分に都合のよい工場に変えてその周辺で生きていく戦略をもっている．

科学者たちは，遺伝子を導入するときにこのアグロバクテリウムのもつプラスミドに着目した．T-DNAの領域を導入したい遺伝子と入れ替え，アグロバクテリウムに戻して感染させれば，プラスミドの侵入した植物細胞の核DNAに意図した遺伝子を導入することができる．実際は，改変したプラスミドをもつアグロバクテリウムを含む液中に植物体を浸漬したりしてアグロバクテリウムに感染させ，その種子や細胞群を取り出して，導入した遺伝子をもつ植物体や細胞を選

ぶ必要がある．

　導入遺伝子が植物に取り込まれているかどうかを確かめることはたいへん困難で労力がかかる．そこで，T-DNA 領域に少しの工夫を加えた．ある成長阻害剤（X）は植物の細胞が正常に成長することを妨げるが，この阻害剤 X を分解す

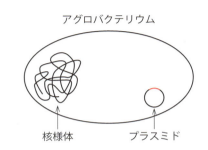

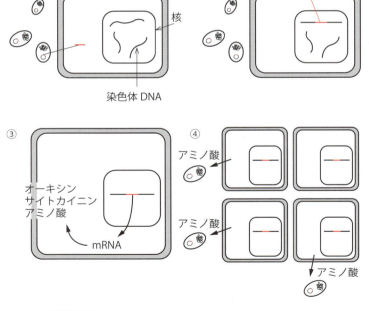

図 3・22　アグロバクテリウムの植物への感染の仕組み

る酵素の遺伝子をあらかじめT-DNA領域に入れておく（**図3・23**①）．アグロバクテリウムを介して改変したT-DNAを植物に導入する（同②）．次にアグロバクテリウムで処理した植物を育て，種子を生産させ，成長阻害剤Xを含む寒天培地上にその種子をまく（同③）．すると，T-DNAを核DNAに取り込んだ細胞や植物はこの成長阻害剤で処理しても生きていられるが，T-DNAの入っていない細胞や植物体はこの薬品で処理すると死んでしまう（同④）．

　アグロバクテリウムを感染させた植物や細胞群をこの阻害剤で処理して，死んだものはアグロバクテリウムが感染しなかったといえる．逆に生き残ったのが感染した，すなわち，T-DNAが導入された植物体であることがわかる．このような選抜方法によって簡単に遺伝子導入された植物を多くの他の植物からすばやく選別することができる．

　細胞にDNA分子を直接注入する方法として，パーティクルガン法やプロトプラスト法などがある．パーティクルガン法は，導入したいDNAを含む液に直径

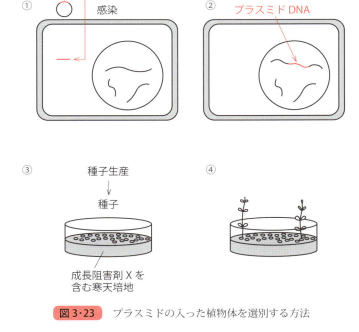

図3・23　プラスミドの入った植物体を選別する方法

1μm 程度の金粒子を浸し，この金粒子を空気銃の弾に塗りつけ，弾を発射するが，導入しようとする細胞や植物体の直前で止める．すると金粒子だけが慣性の法則で細胞壁，細胞膜を突き破り，一部は核内に到達する．導入する DNA は他の核 DNA と同様に mRNA に転写されるようにあらかじめプロモータを組み入れておく．金粒子が到達した細胞が分裂しても子孫にその DNA が組み込まれていることから，核内に到達した DNA は染色体 DNA に組み込まれると考えられる．この方法の利点は原理的にどの植物，どの組織にも DNA を導入することができる点である．欠点は，効率が悪いという点であろう．

　パーティクルガン法は細胞壁をもっている細胞に DNA を導入する方法であるが，細胞壁を除去したプロトプラストを用いて遺伝子導入する方法がある．たとえば，ポリエチレングリコールという高分子で粘性が高い溶液中にプロトプラストと DNA を共存させておくと，DNA が細胞質，核内に取り込まれることが知られている．また，ポリエチレングリコールを使う代わりに電気のパルスを与え，この刺激で DNA を細胞内に取り込ませる方法もある．この方法は細胞壁をもった細胞でも成功する場合がある．

第4章 環境

4.1 植物の運動

　植物は環境が変化しても適当な環境を探して移動することができないので，その生活は環境に大きく依存する．植物個体は移動できなくても環境の変化に従って植物の部分を動かすことはできる．植物の運動のうち，外部の刺激がやってくる方向に屈曲の方向が依存する運動を**屈性**とよぶ．刺激の方向に屈曲するのを正の屈曲，その反対側に屈曲するのを負の屈曲という．これに対して，刺激の方向にかかわらず器官や組織の構造によって決まった方向に運動するものを**傾性**とよぶ．屈性とは違って，運動の方向が決まっているので正・負の区別はない．傾性には，昼と夜とで葉を上下させたりする植物の日周運動（4.1.1参照），気孔の（孔辺細胞による）開閉運動（4.1.4参照），早い動きをするハエトリソウによる捕虫運動など，多くのものが含まれる．これらの運動はすべて特定の細胞の膨圧変化によって起こるため，膨圧運動ともよばれている．

　藻類やイチョウの精子などの運動性細胞では，刺激の方向を見分け，時には刺激の方向へ，時には刺激とは反対方向へまっすぐに泳いで移動する．このような環境刺激に対して行動を変化させて応答する運動を**走性**とよぶ．走性をもたらす刺激には，光，重力，温度，化学物質などがある．屈性の場合と同じく，正・負の接頭語をつけることによって運動の方向を区別する．ランダムな動きをする場合には走性とはよばない．

　以上のように，植物の運動は環境刺激に応じて起こる．しかし，光や温度などが一定にもかかわらず恒常条件のもとでも植物に周期的な運動が見られることがある．これは外部環境ではなく内在的な原因による．この内在的な周期変化を**内生リズム**という．花の開閉運動や葉の就眠運動は内生リズムの影響を強くうけて

いる.

4.1.1 内生リズム運動

ネムノキの葉が昼夜で開閉する就眠運動,ベンケイソウの花の開閉運動などは,恒常条件下でも起こるので,これらの運動は内在リズムによる(図4·1).マメの一品種であるベニバナインゲン(インゲンマメ)の初生葉は,日中は開き夜は閉じる(図4·2).このインゲンマメを用いた次の二つの実験は内生リズムの特徴をはっきりと示すものとして知られている.

実験A:インゲンマメの種子を20℃白色光下で発芽させ,芽生えを同条件下で育てると,葉は就眠運動を示さない.この植物に9〜10時間の暗期をただ1回与え,再び白色光下に置くと,図4·2に示すような葉の開閉運動が周期的に規則正しいリズムで行われる.

実験B:昼夜のあるところで育てたインゲンマメの芽生えを20℃の暗室に移しても,周期的な葉の開閉運動が繰り返される.

このように,光,温度が一定の条件下でも起きる周期的な変化や運動は内生リズムであるとみなすことができる.これは外部の環境要因の周期的変化によって維持されるのではなく,生物のもつ時計(生理時計または生物時計)の働きによっていると考えられている.恒常条件下に置かれた植物で見られるリズムは一般に21〜28時間であり,ほぼ1日周期なので,**概日リズム**とよばれる.

実験Aの連続光条件下や実験Bの連続暗条件下に置かれると,葉の開閉運動

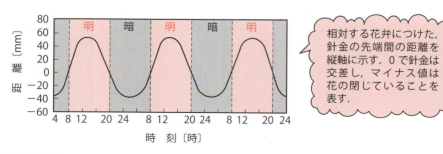

図4·1 ベンケイソウの花の12時間明期:12時間暗期における開閉運動曲線 (Bunsow, 1953より)

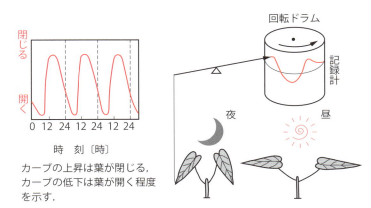

カーブの上昇は葉が閉じる，カーブの低下は葉が開く程度を示す．

図4・2 ベニバナインゲンの初生葉の開閉運動（Galston，1971 より）

のリズムは繰り返されるが，日の経過とともに開閉の振幅は減衰し，やがて停止する．このような植物に一度だけ何時間かの暗（実験 A）または明（実験 B）を与えると生理時計がリセットされ，固有のリズムで開閉運動を再開する．いずれの場合も葉の開閉運動が再開される時刻は，暗または明の刺激を与える時刻を起点として決まる．

リズムの示す刻々の状態を**位相**という．リズムの位相は明→暗，暗→明の合図によって容易にずらすことができる．インゲンマメの明所における葉の運動周期は 27 時間であるが，自然条件下では正確に 24 時間周期で葉の運動を行っている．これは，内生リズムが毎日繰り返される自然の 24 時間の明暗に同調し，リズムの位相合せが行われたことによる．

インゲンマメの 20℃におけるリズムは，5℃に 5 時間ほど置くと位相が遅れることがある．同様な効果は嫌気処理についても観察される．つまり，リズムの進行は低温や嫌気条件で阻害され，エネルギーを必要とするメカニズムが考えられている．

内生リズムを示すものとして運動以外にも，切り取ったベンケイソウの葉からの暗所における二酸化炭素（CO_2）放出（**図 4・3**）や，短日植物（アカザ）の花芽形成（**図 4・4**）などがある．

1 日周期の内生リズムに支配されるベンケイソウなどの花の開閉運動は，12 時

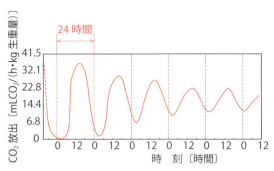

図4・3 切り取ったベンケイソウの葉からの暗所における二酸化炭素放出のリズム (Bunning, 1963 より)

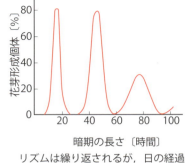

リズムは繰り返されるが，日の経過とともに，振幅は減衰してくる．

図4・4 アカザの花芽形成と，1回与えられた暗期の長さの関係 (Cumming, 1967 より)

間明 − 12 時間暗（12：12）では，図4・1に示すように規則正しい．花は明期に開き暗期に閉じるが，明暗を 20：4 と 4：20 の間のいろいろな組合せにしても，多少位相がずれるだけで 12：12 とほぼ同じ開閉運動を示す．また，ベンケイソウの花の運動では，温度が高くなると周期はやや短くはなるが，13℃と 30℃の間では Q_{10}（4.6.1 参照）は 1.1 で，温度の影響はきわめて小さい．Q_{10} が 1 に近いことは，内生的な 1 日周期リズムの特徴である．

内生リズムの大きな特徴としては，①光・温度など，外部環境を一定にした条件下（恒常条件下）でもリズムが続くこと，②リズムは，単一の刺激（たとえば 1 回の明または暗）を与えると，恒常条件下でも発現すること，③リズムの位相をずらすことが可能で，位相のずれたリズムは恒常条件下でそのまま保たれること，④嫌気的条件下ではリズムの位相が遅れる．すなわち，リズムの保持にはエネルギーを必要とすること，⑤周期の長さは正確には 24 時間ではないことがあげられる．

4.1.2 屈 性

屈性は，植物が刺激の方向に依存した方向に器官の一部を屈曲させる反応で，刺激の方向に屈曲するのを正の屈曲，その反対側に屈曲するのを負の屈曲という．

植物はまず，刺激を受容しなくてはいけない．刺激情報は大きさだけでなく方向をともなう必要がある．刺激を受容する部位と屈曲が起こる部位は必ずしも一致しない．そのため受容された情報は，植物ホルモンをはじめとする情報伝達物質を介して屈曲部位に伝えられる．最終的な反応である屈曲は，例えば光屈性では，形態的には光が当たる側と当たらない影側の成長速度の差，すなわち偏差成長によって起こる．屈性には，刺激の種類によって光屈性，重力屈性，接触屈性，水分屈性などがある．これらについては，後に記す．

4.1.3 傾性と膨圧運動

傾性による運動の機構は成長運動と膨圧運動によって説明される．成長による傾性運動は刺激が器官内のオーキシンの不等分布を引き起こすことによると考えられる．オーキシンの不等分布によって器官の両側で成長の速さが異なり，成長の速い側から遅い側に向かって曲がる．屈曲の仕組みとしては，光屈性や重力屈性と同じである．

植物細胞は細胞液の浸透圧を原動力として，細胞の外から水を吸い込もうとする．細胞壁がこれを押し返し，細胞の中に膨圧が生じる．膨圧がかかっていると，細胞，組織ひいては器官が張り切った状態になる．膨圧がなくなると張切り状態を失って器官に運動が起こる．また，膨圧のない状態から膨圧の高い状態への変化も運動の原因となる．たとえば，細胞膜の透過性が変化することにより細胞外に物質が移動して細胞液の浸透圧が変化する場合や，溶質の高分子・低分子間の転換などによって浸透濃度が変化する場合などが考えられる．

触れると起こるオジギソウの葉の開閉運動は接触傾性の一つである（図4・5）．刺激を与えると刺激物質，あるいは電気信号が葉の付け根に位置する葉枕に達し，急激な膨圧の消失による運動を起こし葉は閉じる．ムジナモやハエトリソウ（ハエジゴク）などの食虫植物の捕虫葉の運動も刺激により生じた電気信号で，葉の特定の細胞が急激に膨圧を失って起こる．ハエトリソウの場合，捕虫葉の中の感覚毛に30秒以内に2回の接触刺激を受けると葉を閉じるので，活動のための電気信号の発生は，動物の場合と同じく「全か無」のメカニズムで制御されている．

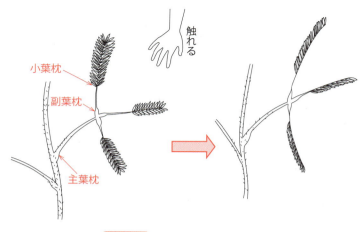

図 4・5 オジギソウの接触傾性

葉が昼と夜で開いたり閉じたりする就眠運動や，花が昼に開いて夜閉じるという運動は光傾性の一種と考えられる（**図 4・6**）．植物の運動が温度に影響を受ける場合もあり，これを温度傾性，または熱傾性という．オジギソウなどのマメ科植物は葉に葉枕とよばれる特殊な運動細胞をもち，昼間にはカリウムイオンとともに細胞に水が入ることによって細胞が膨らみ，逆に夜間には水が出ていくことで膨圧が減り，細胞が縮む．就眠運動は1日の周期をもつ概日リズムによる自発的運動である場合が多く，

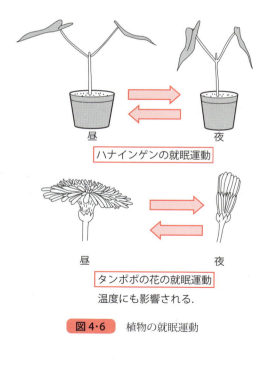

温度にも影響される．

図 4・6 植物の就眠運動

4.1 植物の運動

生理時計によってカリウムチャンネルの開閉が制御されている．葉の就眠運動を制御する物質として，1980年代にターゴリンが提唱されたが，後に真の活性物質ではないとされた．その後，就眠運動は葉を閉じさせる活性をもつ物質（就眠物質）と葉を開かせる活性をもつ物質（覚醒物質）のバランスによって制御されていることが明らかにされた．覚醒物質の濃度は一日を通じてほぼ一定であるのに対して，就眠物質の濃度は植物が葉を開く昼間に少なく，葉を閉じる夜間に増

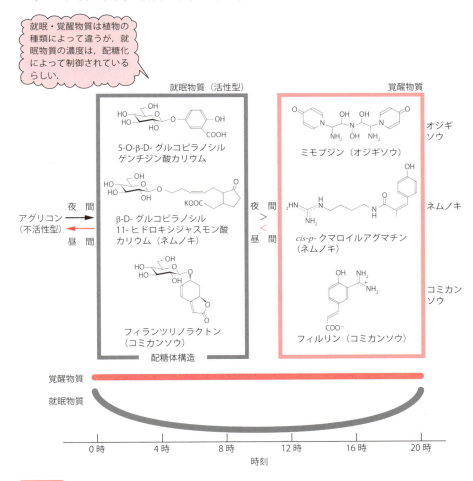

図 4・7 就眠・覚醒物質の濃度バランス
（上田 実，植物の生長調節，49（1）：1-9（2014）より）

える（**図 4・7**）．就眠物質はグルコース結合型の物質でグルコシダーゼによってその濃度が調節される．

4.1.4　気孔の運動

気孔は二つの孔辺細胞によって取り囲まれた葉の内部と外界をつなぐ穴である．葉はこの穴を通して呼吸し，二酸化炭素を吸収し蒸散を行う．気孔の開閉は気孔を取り囲む孔辺細胞の膨圧運動によって起こる．孔辺細胞の内側，すなわち気孔の穴側にある細胞壁は厚く外側は薄い．孔辺細胞の膨圧が高くなると，外側の細胞壁は薄いので細胞は外側に広がり，穴側の細胞壁を外に向けて湾曲させる．二つの孔辺細胞の両方が外に向かって湾曲するので，穴は広がり開く．膨圧が低下すると伸びがもとに戻り湾曲が小さくなって穴は閉じる．このようにして，孔辺細胞の膨圧の増減によって，気孔が開いたり閉じたりする（**図 4・8**）．孔辺細胞の膨圧上昇はカリウムイオンの細胞への流入によっている．カリウムイオンのカウンターイオンとしての塩素イオンの取込みやリンゴ酸の合成が起こる．気孔

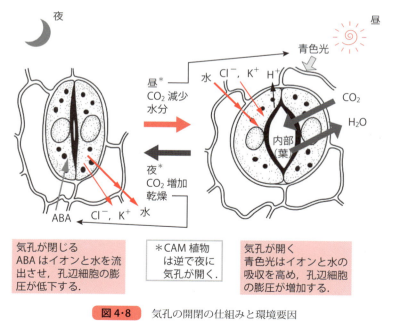

図 4・8　気孔の開閉の仕組みと環境要因

が閉じるときにはこれらのことが反対に起こる．

　水が根から十分に供給されるようなときにはサイトカイニンも根から供給され，気孔を開かせる作用がある．そのとき青い光があると気孔は開く．光受容体はフォトトロピンである．さらに孔辺細胞で起こる光合成のための光や二酸化炭素濃度が気孔開閉に関係している．水分が不足するとアブシシン酸をつくって気孔を閉じ水の蒸発を防ぐ．アブシシン酸は細胞からの塩素イオンやカリウムイオンの放出を促進して，気孔を閉じさせる．

4.1.5　走　性

　運動性をもつ細胞が環境の刺激に対して行動を変化させて応答する場合があり，刺激の方向に応じて一定の方向に向かって運動するものを走性とよぶ．走性の場合には，瞬間瞬間で刺激の方向に対する応答が一見ランダムである動きも，あたかも発生源を突き止めようとする行動のように一定時間の平均を取れば刺激の方向に対する一定方向への応答となる場合もある．イチョウやソテツの精子は雌花の卵を求めて繊毛運動によって正の化学走性を示す．ユーグレナ（ミドリムシ）やクラミドモナスは鞭毛を鞭のようにしならせて光刺激に応答して遊泳する．

　ユーグレナを始めて観察し記載したのは，顕微鏡の発明者のレーベンフック（A. van Leeuwenhoek, 1632〜1723）で，学名の *Euglena*（eu は美しいあるいは真の，glena は目を意味する）は，赤い色素を含む眼点をもつことに由来するが，眼点はいわゆる眼ではなく，近接した鞭毛の基部にある光感受部に光が到達するのを妨げる色素楯板となることで方向視眼としての機能を発揮する．クラミドモナスの場合も同様で，光感受部は眼点の外側の細胞膜に位置する．ユーグレナでは，青色光領域（450 nm 付近）と紫外線領域（290 nm と 380 nm 付近）をよく吸収するフラビンを発色団にもつ光活性化アデニルシクラーゼ（多くの生物の細胞内情報伝達系においてセカンドメッセンジャーとして機能するサイクリック AMP を作り出す酵素）活性をもつ色素タンパク質が光センサーとして働いている．一方，クラミドモナスの光センサーは動物の眼の網膜に多量に存在するロドプシンとよばれるタンパク質で，レチナールとよばれるビタミン A の誘導体を共有結合することにより可視光を吸収する．

4.2 信号の伝達

4.2.1 環境信号による形態形成

植物の生活環は種子の発芽に始まり，そして発芽種子は芽を出し，茎を伸ばし，葉を展開させ，最終的に花をつけ種子を生産する．この生活環の中には，見過ごされやすい重力も含め，次のような植物の成長・分化に及ぼす外的因子がある．

① 水
② 温度
③ 塩
④ 光
⑤ 大気成分
⑥ 物理的刺激（風，圧力，重力など）
⑦ 微生物（共生，罹病性細菌など）
⑧ 動物（昆虫など）

種子が発芽するとき，まわりの水分，温度環境はきわめて重要である．種子に含まれた養分を使い切れば，展開した葉で光合成を行わなければならないので光が必要であるが，波長 320 nm 以下の紫外線は植物の成長に害を与える．光合成のためには大気成分中の二酸化炭素が必要であるが，酸素ももちろん必要である．ガソリンの燃焼などで発生する NO_x（窒素化合物），SO_x（硫黄化合物）などの大気成分は酸性降下物として植物に沈着し，成長を阻害して森林を破壊する．風が強い地域では植物は背丈を伸ばさず太く短い．植物が風で万一倒れても，重力を感じてもう一度起き上がり，葉を展開しようとする．土壌中に張った根では無機塩類の吸収が盛んに行われるが，この吸収には土壌微生物との共同作業もある．葉が害虫にかじられれば，その害虫の天敵をよぶ物質を発散する．

植物がこのような非生物的，そして生物的外的環境要因を感じ取ると，植物ホルモン類をはじめとする生理活性物質の合成が始まり，これにより化学物質の情報として伝達され，さまざまな遺伝子が，その進行に従い順々に，またその環境変化に応じ即座に発現されている．

4.3 植物ホルモンによる信号伝達

　植物ホルモンを植物体に作用させると数々の遺伝子が発現する．植物ホルモンの合成は環境要因によって左右されたりするので，植物ホルモンは環境条件を遺伝子発現に結び付ける仲介者と考えることができる．植物ホルモンが遺伝子発現を誘導する道筋は一般的に次のように考えられている．まず，植物ホルモンが**植物ホルモン受容体**とよばれるタンパク質と結合する．植物ホルモン受容体は核内に移動し，転写を活性化する転写因子として働く．転写を促進された遺伝子が，また別の転写因子を生産することもあるが，このようにして，最終的に観察される遺伝子の発現を促進するという道筋である．このような受容体はすべての植物ホルモンについて発見されているわけではない．また，転写を介さない早い過程を制御する場合に関わる植物ホルモン受容体もある．

4.3.1　植物ホルモン受容体

　現在，植物ホルモンを最初に感知する受容体タンパク質は，それぞれの植物ホルモンについて複数見つかっているが，まず研究の歴史が長いオーキシン結合タンパク質について述べる．

　オーキシンに大きな化合物を人工的に結合させ，細胞の中に入らないようにして処理しても，細胞はオーキシンに特有の生理作用である伸長が促進される．つまり，オーキシンは伸長促進を引き起こすが細胞内部に必ずしも入る必要はない．この作用は次のように解釈できる．すなわち，オーキシンは細胞膜上にあるオーキシン結合タンパク質と結合し，そのシグナルが，細胞膜から核内に何らかの手段で伝えられ伸長成長を引き起こす遺伝子の発現を促進するか，または，細胞膜上のオーキシン結合タンパク質にオーキシンが結合するとイオンの透過性などが変化し，イオン環境の変動が直接あるいは間接的に伸長成長を引き起こすというものである．オーキシンと特異的に結合するオーキシン結合タンパク質1（ABP1）は，直接に細胞膜の H^+ - ATPase を活性化して細胞壁の酸性化をもたらし，細胞壁を緩ませる働きがある．この *ABP1* 遺伝子を破壊すると胚発生の過程で停止し致死となったり，その発現量を調節すると発生が異常になったりする．ABP1

は細胞膜よりも主に小胞体に局在することから，ABP1 は他の信号伝達経路でもオーキシン受容体として機能しているようである．

オーキシンの生理作用の発現に至る道筋として，次のようなユビキチンを使う経路も見つかっている．これには，ABP1 とは別の，特定のタンパク質の認識とその分解に関与している TIR1（transport inhibitor response 1）というオーキシン結合タンパク質が関わっている．もともとオーキシンが生理作用を引き起こすために必要な遺伝子の発現は，あるタンパク質が妨害している．このような状態をドミナントネガティブという．このタンパク質を仮に A とする（**図 4・9**）．A はオーキシンの生理作用に必要な遺伝子の発現を促進する転写因子 B と結合している．B は A と結合していると転写因子として働けないので，オーキシンの作用はこのままの状態では現れない．オーキシンが働くと A タンパク質を認

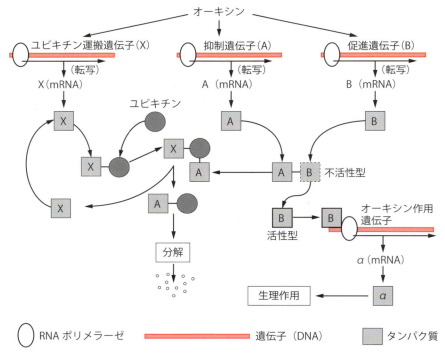

図 4・9 ユビキチンを利用したオーキシンの生理作用に関する遺伝子発現の仕組み

識して，それにユビキチンという目印をつける酵素Xが発現する．Aタンパク質にユビキチンがつくと，ユビキチンがついたタンパク質を壊す装置に運ばれてAが分解される．Aが分解されると，Bが単独で働けるようになるので，転写因子としての働きを果たす．その結果，オーキシンの生理作用が引き起こされる，という道筋である．

　この道筋ではまず，オーキシンがAタンパク質を壊すためのシステムを起動しているが，同時に少し時間が遅れたり，あるいはオーキシンの濃度が高くなりすぎたりすると，オーキシンはAタンパク質の遺伝子も発現を促進する．Aを壊すシステムを作動させながら同時にAを増やすスイッチも入れるのである．これは一見矛盾しているように見えるが，きわめて巧妙にしくまれたシステムである．つまり，もしオーキシンがAを壊しておしまいだったら，未来永劫ずっとBによりオーキシン作用を発現する遺伝子が発現し続ける．オーキシンの生理作用には，伸長成長，屈曲，側根の発生などがある．植物の茎を倒すと，重力に逆らい茎が屈曲して再び天を目ざして伸び始めるが，このとき，茎の地面側の細胞の伸長が促進されて茎が立ち上がる．もし地面側の細胞の伸長がずっと促進されたままなら，茎は再び地面に倒れてしまう．つまり，オーキシンが働く時間や作用は限定されていなければならないのである．このことを考えると，Aを最初壊してBを働かせるが，しばらくすると，またAが発現し，Bと結合して，その生理作用をストップさせるきわめて有効なシステムと理解できる．

　ジベレリンでも同様にユビキチンを結合させて分解してしまうシステムが解明された．ジベレリンがない状態では，あるタンパク質（DELLAタンパク質）がジベレリンの生理作用に関与する遺伝子の発現を抑制している．細胞質内に存在するジベレリン結合タンパク質（GID1タンパク質）がジベレリンと結合すると，ジベレリンの生理作用に関与する遺伝子の発現を抑制していたタンパク質に結合し，これをユビキチン化し分解する．転写を抑制していたタンパク質が分解されるので，ジベレリンの生理作用に関連する遺伝子が発現し始める．

　エチレンの受容体は，エチレン存在下でも黄化芽生えが三重反応を示さないシロイヌナズナのエチレン非感受性突然変異体の原因遺伝子の解析から見いだされた．この受容体はETR1タンパク質とよばれている．その後，シロイヌナズナには，

ETR1の他，複数のエチレン受容体が存在することが示されている．エチレンがないときには受容体は活性をもち，常に転写因子をユビキチン化して分解することによってエチレン応答を抑制しているわけである．エチレンが受容体に結合すると，負の制御因子が不活性化されて，それまで抑制されていた遺伝子群が活性化されて，エチレン応答が起こる（**図4・10**）．エチレン受容体はいずれも膜貫通タンパク質で，細胞膜ではなく小胞体膜に存在する．一見，受容体が小胞体膜に局在することは矛盾するように思えるが，エチレンは疎水性であるので細胞膜を通って細胞内に入ることができるので矛盾はしない．

ジャスモン酸のシグナル伝達もオーキシンシグナル伝達に酷似している．ジャスモン酸シグナル伝達のオン-オフスイッチとして働くタンパク質（JAZタンパク質）は，ジャスモン酸が欠乏すると下流の転写因子に結合し，それらの活性を制限する．ジャスモン酸あるいはその生理活性類縁体の存在下では，ジャスモン酸の受容体（COI1受容体）を介してJAZタンパク質は分解され，ストレス応答に必要な遺伝子発現に関わる転写因子が遊離する．

サイトカイニンではこれらとは異なり，次のようなシステムでホルモンが受容されて，そのシグナルが核に伝達される（**図4・11**）．サイトカイニンが細胞の外

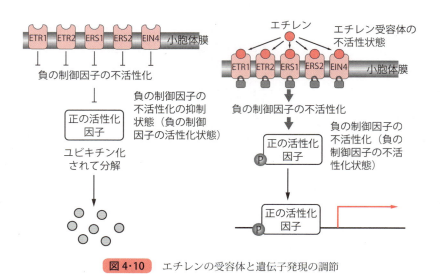

図4・10　エチレンの受容体と遺伝子発現の調節

から来ると，細胞膜に局在しているサイトカイニン受容体に結合する．するとその内部でリン酸が移動して，あるタンパク質Aにリン酸基を転移する．このリン酸化されたタンパク質Aは核内に移動し，転写因子にリン酸基を転移させ，自らはまた細胞質に戻る．リン酸化された転写因子Bがサイトカイニンの生理作用に関与する遺伝子の転写を開始させる．

アブシシン酸のシグナル伝達は，サイトカイニンのそれと類似している．種子発芽や気孔の応答におけるアブシシン酸の情報伝達経路において，タンパク質のリン酸化と脱リン酸化が非常に重要な

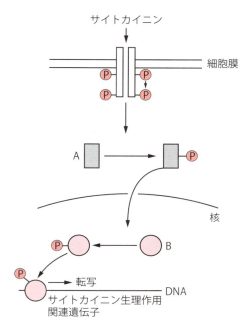

図4・11 サイトカイニンの受容体と遺伝子発現の調節

役割をもつことがアブシシン酸の感受性・非感受性変異体の原因遺伝子の解析から明らかとなった．アブシシン酸の受容体（PYRタンパク質ファミリー）は，タンパク質脱リン酸化酵素活性を調節することにより植物のアブシシン酸応答を制御している．

4.3.2　植物ホルモンの輸送

植物ホルモンは，合成される場所と機能する場所が離れているものもあれば，機能する場所で合成されるものもある．特別な輸送システムが必要とされる場合や，維管束系を介したり，拡散によって広がっていったりする．ここでは，特異な移動形態をもつオーキシンとストリゴラクトンについて簡単に述べることにする．

オーキシンは，茎の先端で活発に合成され茎の中を頂端側から基部側に向かっ

て方向性をもって移動する．いわゆる極性移動である．この移動は比較的ゆっくりとした移動で，1時間に約 10 mm の速度で動く．この移動は主にオーキシンの細胞外への排出を担う膜タンパク質（排出輸送体）である PIN タンパク質と，細胞内への取り込みを担う取り込み輸送体 AUX1 タンパク質の働きによるところが大きい．双子葉植物では，維管束周辺の柔組織を通って求底的に根の先端に輸送されたオーキシンは，根の皮層と表皮とを通って根の基部側へと輸送される．若い葉でもその葉の先端付近でオーキシンは活発に合成される．このオーキシンも葉の側脈・主脈を通じて葉の基部側へと移動する．PIN タンパク質をコードする遺伝子はファミリーを形成し，これらが時期，部位で特異的な発現を示す．このようにオーキシンの全身への流れが，オーキシンが関わる成長・分化，さらには環境応答の制御に重要な役割をはたしている．このことはオーキシンの極性移動を阻害する薬剤が，成長・発達に大きな影響をもたらすことからも明らかである．

　ストリゴラクトンは，枝分かれを抑制的に制御する植物ホルモンである．この生合成に欠損のある突然変異体では，枝分かれが促進される．台木に野生型，接ぎ穂に変異型植物を継いだ場合には，枝分かれが抑制される．このことはストリゴラクトンが根で作られて地上部の枝分かれを抑制していることを示している．側芽の成長制御も同様にストリゴラクトンで抑制される．茎頂からのオーキシンの供給が枯渇すると，ストリゴラクトンの合成が抑えられる．すなわち頂芽優勢の制御は，茎頂由来のオーキシンと根で合成されて腋芽に運ばれるストリゴラクトンという移動性の植物ホルモンの相互作用によって制御されている．

4.4　光

4.4.1　光形態形成

光受容体による制御

　野菜いためやラーメンの具など料理材料として広く用いられている"もやし"は，ダイズやヤエナリの種子を暗所で発芽させたものである．もやしは光の下で育った幼植物と違い，緑色とならず，黄白色でひょろひょろと長く，葉も発達し

ない(**図4・12**).このように植物の成長・分化は光の影響を顕著に受ける.この形態形成を**光形態形成**とよぶ.

光が作用をもつためには光が物質に吸収されなければならない.物質が色をもっているのは,光の色すなわち波長の違いによって光を吸収する程度が異なるからである.光形態形成を引き起こす光のエネルギーは,光

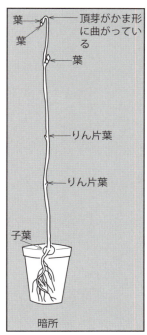

図4・12 明所と暗所で成長させたエンドウの幼植物

合成に利用されるエネルギーの大きさと比べてきわめて小さい.いろいろな光の波長に対する吸収の強さのグラフを,その物質の光の吸収スペクトルという.また,光の波長の違いによる生理現象作用の強さを表したグラフを作用スペクトルという.このとき光に応答した反応の大きさは面積当りの光の量で決まる.植物の形態形成を支配する低エネルギーの光の色は,赤色と青色である.高等植物の光屈性の作用スペクトルや光屈性を示さない突然変異体の解析から,赤色の光を受け取る**赤色光受容体**として,分子量が125,000のフィトクローム*と名づけられている色素タンパク質が,青色の光を受け取る**青色光受容体**として分子量が75,000のクリプトクローム,120,000のフォトトロピンが見いだされた.光合成のためのエネルギーの吸収と伝達,植物-動物間の視覚的コミュニケーション,

---

* フィトクローム(phytochrome)のphytoは植物,chromeは色素,すなわち植物の色素という意味.

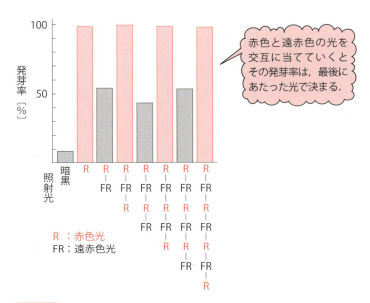

図4・13 レタス種子の発芽に対する赤色光（R）と遠赤色光（FR）の影響（Borthwick et al, 1952 より）

光フィルター機能などに関係するクロロフィル，カロテノイド，アントシアンなど多量に含まれている色素に対して，形態形成を支配するものは量的に少なくセンサー色素とよばれている．

レタスのグランドラピッドとよばれる品種の種子は25℃，暗所ではほとんど発芽しない．水を含ませた種子に少量の光を当ててから暗所に移すとほとんどが発芽する．このとき，もっとも有効な光の波長は，660 nm 付近の赤色光であり，次に青色光が有効である．730 nm 付近の光，すなわち遠赤色光（近赤外光）は逆に発芽を阻害する．赤色光を当てた直後に遠赤色光を種子に当てると，赤色光による発芽誘導作用は打ち消される．レタス種子の発芽に対するこの赤色光および遠赤色光の働きは何回でも繰返しがきき，最後に当てた光によって発芽が左右される（**図4・13**）．このように，フィトクロームは生体組織内に存在し，特定の波長領域の光を選択的に吸収し，可逆的な制御作用を行う．

フィトクローム2型と構造

　フィトクロームは赤色光を吸収する Pr 型と，遠赤色光を吸収する Pfr 型の二つの形で存在することが知られている．フィトクロームの吸収スペクトルと，フィトクローム制御を受ける生理現象の作用スペクトルの比較などから，一般に Pfr 型が生理的に活性なフィトクロームと考えられている．Pfr 型は遠赤色光によって急速に Pr 型に変換するが，暗所でも徐々に Pr 型に変わり，また分解も起こる（図4・14）．

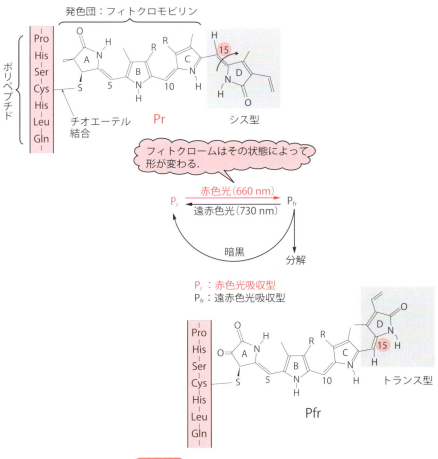

図4・14　フィトクロームの転換

フィトクロームは発色団が特定のタンパク質と結合した色素タンパク質である．発色団の分子はフィコビリンと同じ基本構造すなわちピロール核が横に4個並んだ構造をとっており，フィトクロモビリンとよばれる（**図4・15**）．フィトクロームの分子量は125,000だが二つのサブユニットからできているので，全体の分子量は250,000になる．

フィトクロームは細胞分裂の盛んな茎頂や根端に多く分布している．Prは細胞質でできるが，Pfrになると核内に移動するという．精製されたフィトクロームのPr型およびPfr型の吸収スペクトルは，**図4・16**のとおりである．

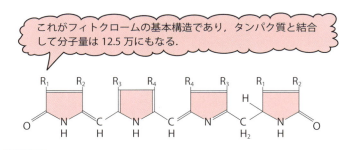

図4・15 フィトクロームの基本構造（Siegelman and Butler，1965より）

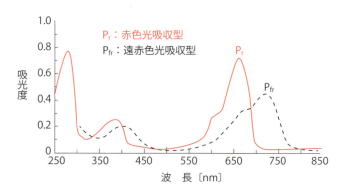

図4・16 オートムギの芽生えから精製されたフィトクローム溶液の吸収スペクトル（Mumford and Jenner，1966より）

4.4 光

フィトクローム制御の範囲

レタス種子で,初めて赤・遠赤色光可逆反応が見いだされて以来,同様の反応が緑藻から被子植物に至るまで,広範な現象にわたり報告されている(**表4・1**).フィトクロームが介在して起こる反応には,光を受けてから非常に早く現れる反

表4・1 種々のフィトクローム制御反応(古谷,1983 より)

藻類,コケ類,シダ類	被子植物
胞子発芽 葉緑体運動 原糸体の成長と分化	種子発芽 胚軸鉤状部形成 節間伸長 根原基形成
裸子植物	葉の形成と成長
種子発芽 胚軸鉤状部形成 節間伸長 芽の休眠	小葉の運動 電位変化 膜透過性 光屈性の感受性 重力屈性の感受性 アントシアニン合成

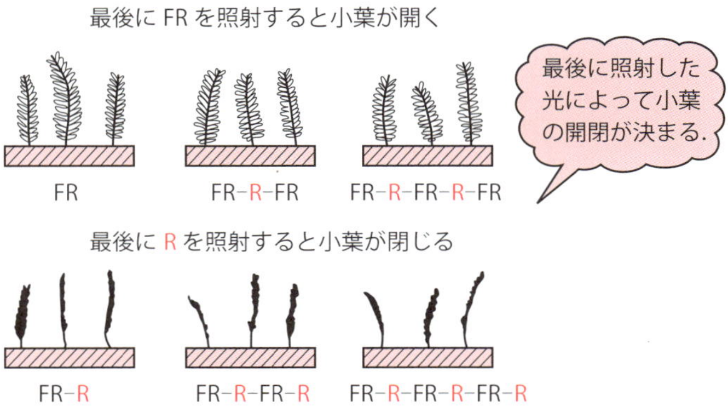

最後に FR を照射すると小葉が開く

FR 　　FR-R-FR 　　FR-R-FR-R-FR

最後に照射した光によって小葉の開閉が決まる.

最後に R を照射すると小葉が閉じる

FR-R 　　FR-R-FR-R 　　FR-R-FR-R-FR-R

図4・17 強い白色光照射後いろいろな組合せで2分間の赤色光(R)および遠赤色光(FR)を照射し,その後暗所に30分間置いたオジギソウ(*Mimosa pudica*)の小葉片(Fondeville et al., 1966 より)

応と，ゆっくり現れる反応とがある．前者の一例としては，オジギソウの小葉の就眠運動があげられる．オジギソウを暗所に移す前に赤色光を照射しておくと，葉（小葉片）は急速に閉じるが，赤色光照射直後に遠赤色光を照射すると，赤色光の効果は打ち消されて開いたままでいる．赤色光と遠赤色光の組合せ照射では，最後に与えた光の作用が出現する（図4・17）．

赤色光-遠赤色光可逆性

前述のレタスの発芽やオジギソウの就眠運動のように，赤色光（R）と遠赤色光（FR）との効果に可逆性が見られる現象を，**赤色光-遠赤色光可逆性**という．現在では，フィトクロームによる反応かどうかは，赤色光-遠赤色光可逆性の有無によって決められている．

完全な暗黒中で育った黄化したマメの芽生えは，頂芽がかま形に曲がった特徴的な外観をしている（図4・18）．このような形態は毎日2分間の赤色光照射によって回復する．この赤色光の効果は遠赤色光の照射によって打ち消される．つまり，フィトクロームによって制御されていることがわかる．

イネの幼芽鞘は自身でエチレンを生合成し，伸長成長はエチレンによって促進される．図4・19は暗所で発芽させた黄化イネの幼芽鞘切片からのエチレン生産を見たものである．エチレン生産は完全に可逆的な赤色光-遠赤色光可逆性の作

図4・18　フィトクロームによるインゲンマメ（*Phaseolus vulgaris*）芽生えの成長・発達の制御（Downs，1955より）

用を受けており，典型的なフィトクロム制御のパターンを示している．フィトクロームは植物体内には数種類存在していて，それぞれ別個に生成したり消失したりしている．この関係を**図4·20**に示す．

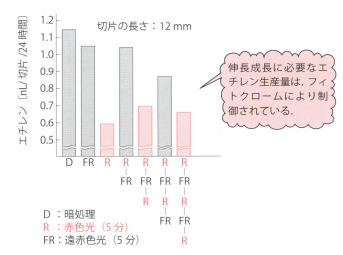

伸長成長に必要なエチレン生産量は，フィトクロームにより制御されている．

D：暗処理
R：赤色光（5分）
FR：遠赤色光（5分）

図4·19 黄化イネ幼葉鞘切片からのエチレン生産に対する光の効果（Imaseki et al., 1971 より）

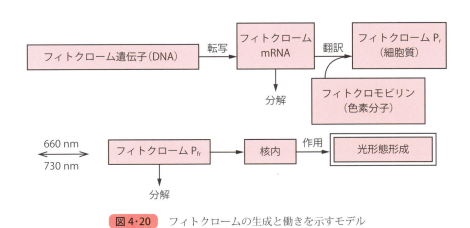

図4·20 フィトクロームの生成と働きを示すモデル

4.4.2 光と発芽

森林の中の土で，原形をとどめている落葉や落枝の層を除いて，地表から 10 cm 程度の深さまでの土を**表土**という．この表土の中には多くの種子が生きたまま埋まっており，**埋土種子**という．木が伐採されたり山火事にあった森林が，比較的短い間に緑で覆われることはよく知られている．これは暗い森林内にあっては発芽することのなかった埋土種子が，光を得て発芽・生育したためである．

樹齢 20 年のスギ林の表土を面積 10 m^2 にわたって採土し，これを日のよく当たる平坦地にまき出してみると，1 年以内に 35 種類もの植物が芽生え，総個体数は 2,300 本にもなった[*1]．このように，光によって発芽が促進されるものを**光発芽種子**という（**図 4·21**）．自然界には光発芽種子がかなり多い．レタス，ミゾハギ，タバコ，シソ，イチジク，ゴボウ，ミツバ，セロリなどが光発芽種子である．

一方，光によって発芽が抑制されたり，光のないほうがよく発芽する種子を**暗発芽種子**とよぶ．キュウリ，カボチャ，タマネギ，スイカ，ネギなどが暗発芽種子である．また，光の有無に関係なく発芽する種子を**光中性発芽種子**という．

光発芽種子は吸水後初めて光に反応するようになる．また，光発芽種子が必要とする光の照射時間は普通きわめて短く，かつ，温度に大きく依存している．

光発芽をするレタス[*2]を例に取り上げる．25℃では発芽に光が必要であり，

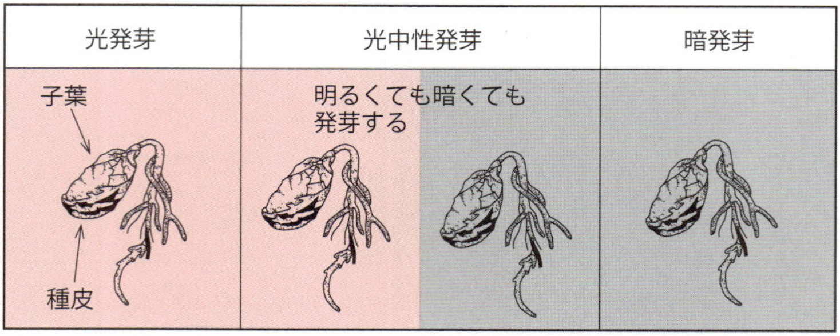

図 4·21　光と種子

[*1] 林道やダムの建設などで，自然が破壊され裸地化した部分の緑の復元には森林の表土をまいておけばよい．裸地が陽生低木林の段階に到達するのに要する年数は，裸地のまま放置された場合より 10 年くらい早くなると予測されている．

光照射時間は1〜2分で高い発芽率が得られる．低温（10℃）になると暗所で発芽が可能となる．このレタスは収穫直後には発芽に光を必要とするが，貯蔵中に光の要求性が徐々に低下し，完全暗黒中でも発芽可能になる．このような特性をもつ植物はほかにも多い．種子の後熟過程で何らかの変化が起こり，光の必要性が消失するためと思われる．光発芽に対するフィトクロームの作用は4.4.1で述べたとおりである．

暗発芽種子については，光発芽種子ほど詳細にはわかっていない．ルリカラクサ属の暗発芽種子では，赤色光に発芽促進効果がほとんど見られず，遠赤色光には発芽抑制効果がある．このことから，フィトクローム系が存在していると考えられている．そして，遠赤色光の発芽抑制効果が赤色光の作用に優先すると推測されている．

4.4.3　光屈性

植物は光の方向を感じて体の部分を動かし，屈曲する能力をもつ．このような現象を**光屈性**という．1880年ダーウィン親子は幼葉鞘の光屈性を定量的に研究した（5.3.3参照）．光に反応して屈曲する仕方は植物の器官の種類によって多様である．暗所で育てたイネ科植物の黄化幼葉鞘に一方向から光を与えると幼葉鞘は光の方向に曲がる．このとき，光屈性を引き起こす光としては青色がもっとも有効である．光が当たると先端に近い部分が曲がり，引き続き幼葉鞘全体が屈曲する（**図4・22**）．

屈曲はその器官の両側で成長の速さが異なることによって起こる．成長の速い側がその器官を成長の遅い側に押し曲げる．このように，一つの器官の部分によって成長の速度が異なることを**偏差成長**という．幼葉鞘の場合には，光が当たると光側の幼葉鞘の成長が抑制され屈曲が始まり，やがて光側の成長阻害に加えて陰側の成長が促進され屈曲が進行する．双子葉植物に対する光の作用は複雑である．しかし，いずれにしても光側の成長が陰側に比べて小さいために，その器官は光の方向に屈曲するという原理には違いはない．ただし厳密にいうと，茎は光がやっ

＊2　近年のレタスの品種はほとんどが光発芽種子ではなく，暗黒中でも発芽する．

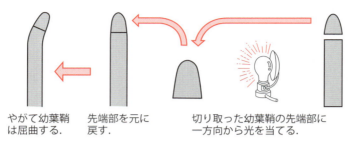

| やがて幼葉鞘 | 先端部を元に | 切り取った幼葉鞘の先端部に |
| は屈曲する． | 戻す． | 一方向から光を当てる． |

図 4・22 幼葉鞘の光屈性

てくる方向に向かって曲がるのではなく，光の当たっている側に曲がる．

　屈性反応は光のような外界からの刺激が器官中のオーキシンの不等分布を引き起こすことによって起こると考えられる．これを**コロドニー・ウェント説**とよんでいる．植物の器官に光が当たると，光側から陰側にオーキシンが横移動し，光側では少ないオーキシンのため成長は小さく，陰側では多いオーキシンのため大きい成長が起こる．しかし，オーキシンの横移動は起こらず，光がオーキシンの極性移動を阻害するので陰側のオーキシンが多くなるという考えもある．これ以外に，光が器官内で成長阻害物質の勾配をつくり出すことによって光屈性が起こるという考えもある．

　高等植物の光屈性の作用スペクトルや光屈性を示さない突然変異体の解析から，光屈性にかかわる青色光受容体はフォトトロピンであることが明らかになった．フォトトロピンは2分子のフラビンモノヌクレオチド（FMN）を発色団にもつキナーゼ活性をもつタンパク質分子で，青色光を受けると自己リン酸化が起こる．これが引き金となって情報伝達経路が活性化される．フィトクロームを介して働くと考えられる赤色光や遠赤色光は光屈性を起こさないが，光屈性反応の大きさや光に対する感度には影響を及ぼす．

4.4.4 葉緑体光定位運動

　青色光受容体であるフォトトロピンを介した反応には光屈性以外に，葉緑体光定位運動，気孔の開閉などがある．葉緑体光定位運動は植物細胞中の葉緑体一つ一つに太陽の光の状況に応じて，細胞内の最適な位置に移動させる仕組みである．

光が弱いときには太陽光を受ける葉肉細胞の上面と下面に葉緑体を配置し，光吸収を大きくする（集合反応）．逆に光が強すぎると光ストレスを避けるために葉肉細胞の周辺部に移動して，光吸収を小さくする（逃避反応）．フォトトロピンにはⅠとⅡの2種類のタイプがあって，Ⅰのタイプを欠損した変異体では正常な逃避反応を示すが，集合反応はゆっくりとしており，逆にⅡのタイプを欠損した変異体では，正常な集合反応を示すが逃避反応ができない．2種類のフォトロピンをうまく使い分けて葉緑体の位置をコントロールしている．

光による気孔の開口にもっとも有効な光も390〜500 nm付近の青色光である．フォトトロピンを欠損する変異体では青色光を照射しても気孔が開かない．

4.4.5 クリプトクロームと光形態形成

青色光は光屈性以外にも植物の様々な形態形成に影響を与えるが，光受容体は1種類ではない．クリプトクロームは，青色光を照射しても茎の伸長成長が阻害されないシロイヌナズナの突然変異体の原因遺伝子として見いだされた青色光受容体である．クリプトクロームには2種類のタイプがあり，いずれも発色団としてフラビンアデニンジヌクレオチドとプテリンをもっている．その構造は，青色光を吸収して紫外線による損傷DNAを酸化還元反応によって修復する光回復酵素と極めて相同性が高いが，クリプトクロームには光回復酵素としての働きはない．クリプトクロームは，明所での形態形成や花芽形成などの反応にかかわっている．

4.5 水

4.5.1 水吸収における根の働き

水は生命を維持するために欠かせない物質である．土壌から根によって吸収された水は，葉まで運ばれてそこで蒸発する．この水の流れが根から吸収した無機物質などを植物の体のすみずみまで運ぶ．植物体内の水の通り道のことをアポプラストとよぶ．これは，細胞の外側（細胞壁と，細胞のすき間および導管内）を指す．細胞の内側はシンプラストとよばれる．植物の個々の細胞は一般にお互いが原形質連絡によりつながっており，水や物質の移動が可能になっているので，

その全部を一体のシンプラストとしてとらえることもできる．つまり，植物の体をアポプラスト＋シンプラストととらえることができる．液胞はシンプラストに含めてあつかう場合が多い．

　土壌からの水の吸収は根，特に根毛で起こる．根毛は根の表皮細胞の突起のようなものであり，土の粒子，水および空気の混じった土壌の中を伸びる．その長さは1mm以上にも達することがある．根の伸長や根毛の形成に加えて，水を能率良く吸収するためには，土壌に十分な水と空気があること，温度や栄養の条件が良いことなどが必要である．また，条件の良いときには，根毛と土が接触している面積は想像以上に大きい．水が多くても水はけが悪く酸欠状態の土壌では根の発育が悪化し，水の吸収能率も低下する．

　根によって吸収された水は皮層細胞を通って通導組織に送られ，通導組織を通して根から地上部に送られる（**図4・23**）．根の表面から内皮までは，水は細胞と細胞の間（アポプラスト）を主に通るが，内皮細胞の間には水を通さない構造（カスパリー線）があるため，水は一度は必ず内皮細胞を通る．

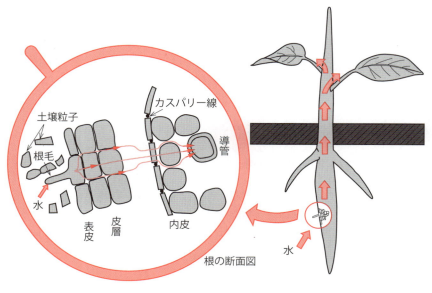

図4・23　植物体内の水分の流れ

4.5.2 水の吸収と水チャンネル

水は細胞膜をゆっくりとしか拡散せず，透過率は低い．細胞膜に組み込まれた水チャンネル（アクアポリン）というタンパク質は，中央にサブユニットタンパク質で囲まれた穴があって水が透過できる．細胞膜の水透過はこのチャンネルに負うところが多い．細胞壁での水透過はほとんど抵抗を受けないが，表皮細胞や根の内皮細胞などの細胞壁ではクチンやスベリンなどのロウ物質によって水透過は制限される．組織や器官を構成している細胞の間は原形質連絡（プラズマデズマータ）でつながっており，水はシンプラスト経由でほとんど抵抗を受けずに通過する．

4.5.3 維管束の働き

吸収された水や物質の移動のために，植物の体には通導組織が発達している．通導組織はシダ植物や維管束植物では木部と篩部の二つからなり，**維管束**とよばれる．木部は死んだ細胞からなる導管と仮導管からなり，それぞれ水の通る管である．篩部は篩管を含む．茎における維管束の配列は，シダ植物，双子葉植物，単子葉植物で特徴的に異なる（**図 4・24**）．

根で吸収された水と物質は主として木部を通して地上部に送られる．糖やアミノ酸も植物の下部から上部には木部を通して送られる．葉でつくられた光合成産物は主として篩部を通してさまざまな器官へ送られる．一般的には，水は木部を通して送られ，有機物質は篩管を通して送られる．また，上に向かう流れは木部で起こり，下に向かう流れは篩管を通して起こる．

シダ植物より下等な植物，たとえばコケ植物は，維管束系をもたないので高い部分まで水を送ることができない．そのために，これらの植物の背丈は低い．シダ植物より高等な植物の木部の細胞壁は厚く硬くなっており，木部の水圧に対する耐性だけでなく植物体を支持する機械的構造にも役立っている．

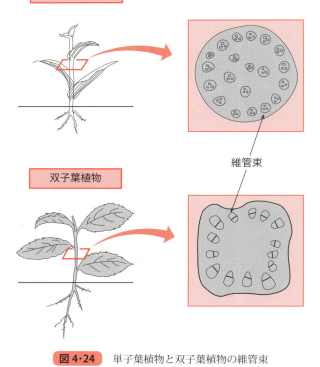

図 4・24 単子葉植物と双子葉植物の維管束

4.5.4 木部の中の水の流れ

葉からの水の蒸発を**蒸散**といい，根から茎を通じて葉の方向に流れる水の流れを**蒸散流**という．高等動物の場合には，心臓が送り出した血液の流れは循環してもとに戻ってくるが，植物の場合には流れは一方向である．

水は葉から蒸発し，葉へは木部から供給され，木部へは下部の木部から，さらに根から送られてくる．このように，水は下部から上部に送られる．この水を送る原動力は根と葉にあると考えられている．植物の茎を切ると切口から液が出てくることがあるが，この液を押し上げる圧力を**根圧**とよぶ．しかし，この根圧による水を押し上げる力はそれほど大きくはない．また針葉樹では根圧がない．木部での水の輸送は下部から押し上げる力よりも上部からの蒸散による吸引力のほ

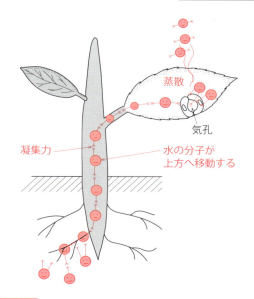

図 4·25 蒸散流
水の凝集力と葉における蒸散が原因で生じる．

うが大きいと考えられる．すなわち，根から吸収された水が植物の地上部に運ばれるのは，葉における蒸散による吸引力が主な原因である（**図 4·25**）．

4.5.5　水の凝集力

　植物体内の水が蒸散によって吸い上げられる仕組みは，ポンプで水を汲み上げるのと同じではない．もし同じなら，汲み上げられる水は，約 10 m 以上は上がらないはずである．1 気圧（大気圧）の力につり合う水柱の高さは約 10 m だからである．大きな木の場合には 10 m 以上の背丈がある．このような木においても水は植物体のすみずみまで運ばれる．これはなぜなのであろうか．水は根，茎，葉を通じて一本の水柱になっており，この水柱はきわめて大きな力でないと切れない．また，水柱の直径が細ければ細いほど切れにくい．そこには水の凝集力が働いている．この凝集力に逆らって水柱を切るためには 200～300 気圧もの力がいる．蒸散による水を引き上げる力は，相対湿度が 80 % のとき 300 気圧になるが，

このような力が植物体内にかかると，細胞に蓄えられた水まで吸われてしまう．

実際には，気孔が適当に閉じて，水の吸い上げる力を調節している．このために，蒸散の力だけで何十mもの木の上まで水を楽々と引き上げることができるのである．こんなに大きな力で水を引き上げると，茎に力がかかるであろう．事実，樹木の茎の直径を精密に測定すると，蒸散の盛んな昼間には茎の直径は減少し，蒸散があまり起こらない夜間には広がる．

草花の場合にも，いったん水柱が切れると水を運ぶ力が弱くなったり，またはなくなってしまうものがある．生け花のための切花を切ると水揚げが弱いことがある．これを防ぐために水の中で茎を切る．そうすると，切口から水が吸い込まれて，水柱の切れ目ができないので切花は水揚げがよくなる．この場合にも，蒸散流の水柱が大きな役割を果たしている．

4.5.6　気孔は蒸散流の出口

蒸散は一日中一定の速度で起こっているのではなく，昼の間は盛んであるが，夜にはほとんど起こらない．蒸散は葉にある気孔からの水の蒸発であり，気孔は昼の間に開いて，夜には閉じるからである．葉から水を蒸散させるのに必要なエネルギーは，葉に当たる太陽光のエネルギーである．このため，葉に当たった光のエネルギーすべてが光合成に使われるのではない．むしろ蒸散に必要なエネルギーは，光合成のそれよりもずっと大きく全体の90％以上になる．

気孔は，水蒸気の出口として働いているだけではなく，炭酸固定の原料としての二酸化炭素の入口でもある．葉が光合成を盛んにしているとき，すなわち光が当たっているときには，気孔は開いて二酸化炭素を取り入れる必要があるし，光がなければ気孔は開く必要はない．気孔の開度の1日の変化を見ると，日が昇り始めると気孔が開き，正午前に最大の開度になる．日が沈むと気孔は閉じる．

気孔の開閉は，光，二酸化炭素濃度，水分という主に三つの異なる環境要因で調節されている．光（特に青色光）が孔辺細胞の光受容体（フォトトロピン）を刺激すると，水素イオンと交代にカリウムイオンが流入して細胞内の浸透圧が上がる．これにより吸水が促進され膨圧が上がり，孔辺細胞が変形して気孔が開くという仕組みが働く．日没時には逆の反応が生じる．二酸化炭素濃度については，

葉の二酸化炭素濃度が高いと気孔は閉じ，逆に低いと気孔が開く仕組みになっている．日が沈むと，葉による炭酸同化作用が低下して呼吸によって葉の二酸化炭素濃度が上昇し，大気中の濃度（0.04％）とほぼ同じになる．このことによって気孔は閉じた状態を維持する．一方，昼間は光合成によって葉の二酸化炭素濃度が低下するので，これを感じとった葉は気孔を最大限に開いた状態に保とうとする．最後に，水分条件であるが，乾燥などにより水ストレスが植物体にかかると，植物ホルモンであるアブシシン酸が合成され，この物質の影響で他の二つの要因と関係なく気孔は長く閉じたままになる．

4.5.7　蒸散は避けられない弊害

光合成に必要な二酸化炭素を取り入れるのが気孔の役割であれば，蒸散は二次的な出来事ということになる．事実，昼間の日射が強いと蒸散は異常に大きくなり，葉温の上昇を抑えようと働く．同時に植物は乾燥の危険にさらされる．このように，過度の蒸散は葉が光合成をするための"避けることのできない弊害"であると考えられている．

葉があまりに乾燥すると，植物に水不足のストレスがかかり気孔が閉じる．続いて光合成の能率は低下する．C_4植物やCAM植物とよばれる植物には，乾燥ストレスに強いもの（乾生植物）が多い．C_4植物は昼間気孔を大きく開かなくても二酸化炭素を濃縮する酵素をもつので蒸散の制限ができる．CAM植物は気温の下がる夜間のみに気孔を開いて炭酸固定を行うので，昼間の水不足の影響を受けず光合成能率を維持することができる．しかし，代わりに体内で何らかの高温耐性機構が発現されなければならない．

4.5.8　水ストレス

日本では土壌が比較的十分に水を含んでいるので，水ストレスは根での水の吸収が葉での蒸散の速度に追いつかないために起こることが多い．これに対して，乾燥地帯や塩分の多い土地などでは，土壌から十分な水が得られなくなり，水ストレスが生ずる．水不足による水ストレスが起こると，植物は細胞液の濃度を上げる．これは，浸透圧を上昇させて，水をより吸収しやすくするためであると考

えられる．このため細胞に，スクロース，グルコース，グリセリン，アミノ酸であるプロリンやアスパラギン，硝酸イオンなどを蓄積することがある．

水ストレスには，さらに冠水ストレスがある．洪水などで植物が水をかぶったときにこのようなストレスが生ずる．根が水の中に沈んでしまうので，今まで酸素の十分ある好気条件から，酸素の少ない嫌気条件になる．そのため好気呼吸が十分に起こらないので，エチルアルコール（エタノール），リンゴ酸などが蓄積する．エチルアルコールは有毒である．また，冠水すると土壌が還元状態となり，植物にとって有害な物質が生ずる場合がある．イネは，酸化鉄の皮膜を根の周りにつくってこのような有害物質の害から逃れる．このため，田の土壌に鉄が少なくなると，イネは根腐れを起こしやすくなる．

植物全体が水没した場合，イネなどの水生植物では成長が促進され水没から免れる．そのときの成長促進には，植物ホルモンの一つであるエチレンが関与している．エチレンは二次通気組織形成も誘導する．この構造には冠水した組織のガス交換が楽になるとともに，比重が減少し組織が浮きやすくなるという利点がある．エチレンはジベレリンの合成を高めて節間の伸長成長も促し，イネの先端部が水面に届きやすくしている．

4.5.9　篩部を通る物質の移動

篩部での物質輸送は基本的には上部から下部に向かって起こる．葉から光合成産物が，篩部を通して根や茎に送られる．茎頂部の若い葉へ向かっての上向きの輸送も篩管を通して起こる．輸送される物質の代表格はスクロースである．ラフィノース，スタキオースなどの少糖類が輸送される場合もある．そのほかにアミノ酸，タンパク質，ヌクレオチド，核酸，無機イオンなどが運ばれる．

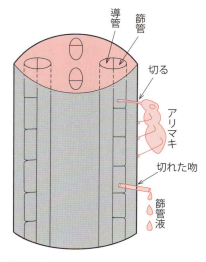

図4・26　アリマキを用いた篩管液の採取

表4·2 柑橘類の篩管液の組成〔mM〕(緒方ら,2005より)

成分	品種		
	カラタチ	キャリゾシトレンジ	ナツミカン
アミノ酸類	205	259	262
Cl^-	55	554	398
NO_3^-	tr	tr	1
PO_4^{3-}	8	9	9
SO_4^{2-}	16	6	23
K^+	88	118	154
NH_4^+	19	53	34
Mg^{2+}	10	13	19
Ca^{2+}	3	2	4
スクロース	3	281	6
グルコース	tr	154	tr
フルクトース	782	223	31
クエン酸	80	332	184
リンゴ酸	5	tr	13
酢酸	59	4	172

tr:極微量

　植物の茎に寄生するアリマキ類は,篩部の中を輸送されている物質の解析に利用されている.アリマキの吻は篩部に差し込まれるので,吸われる液は例外なく篩部に由来する.差し込まれた吻を切ると,そこから篩部液が出てくる(**図4·26**).この液を分析することで篩部液の成分がわかる(**表4·2**).

　篩部の輸送はエネルギーを消費して起こる能動輸送である.葉で合成されたスクロースが篩部に送り込まれて運ばれるときには伴細胞という篩部に接した特殊な細胞が働く.輸送の速度は10～200 cm/時間である.

4.5.10　物質の転流

　植物の中の物質が,ある部域から他の部域へ移動する現象を**転流**という.その

物質を供給する側を**ソース**（source），受け取る側を**シンク**（sink）という（**図4・27**）．葉における光合成産物の転流は通導組織のうちの篩部を通して起こる．葉において光合成が盛んになれば，他の部域へ光合成産物を送り出す能力が大きくなる．たとえば，葉において光合成産物であるスクロースの含量が高くなると，ほぼそれに比例して転流速度が早くなる．転流は気温の低い夜間に盛んになる．日中気温が比較的高く，夜間気温が低下する秋になると，穀物，いも，果実などが実ることになる．また，呼吸や代謝が盛んになると転流物を受け入れる，すなわち**シンク活性**が高くなる．

植物の成長の初期は，葉がもっともシンク活性が高く，数十％の物質は葉に配分され，葉が成長して光合成を盛んに行うようになる．続いて，茎が伸長するにつれて茎のシンク活性が高くなり，成長が終わって花や果実などが発達してくると，転流はもっぱらその方向に向けられる．果実をつくらないで塊茎や塊根などいもをつくる植物では，転流は地下部に向けられる．また，ソースとシンクの関係は必ずしも固定されているわけではなく，それぞれの活性の変動に基づいて動的に変りうる．通常，光合成器官がソースであるが，貯蔵器官の根や樹幹などがデンプンを分解し低分子の単糖やオリゴ糖類をつくりだし，他の器官（シンク）へ輸送することもある．この場合，根や幹がソースである．越冬した落葉樹では春先に幹の根元から上方向に糖が運ばれ若葉の成長が促される．やがて初夏になり葉が成長すると光合成でできた糖が下方向に運ばれて幹や根元で貯蔵されるようになる．このように，季節変化でソースとシンクの関係が逆転することもある．

図4・27 ソースとシンク

4.5.11 ソースとシンク（基本原理）

　ソースからシンクへの物流の基本原理はどうなっているのだろう．運ばれる有機物質は単独ではなく複数のものが水に溶けた状態で（すなわち溶液として）移動するものと仮定する．これが，細胞内シンプラスト経由で運ばれていくわけであるから，通常の膜や輸送タンパク質を介した輸送経路は想定できない．その手段として可能なのは，ソース・シンク間での溶液の濃度差（濃度勾配），つまり溶質の化学ポテンシャル差，あるいは細胞内の圧力差などであろう．これらの条件を満たしているのが，圧流説（Mass flow-Pressure flow Hypothesis）という考え方である．これはドイツのミュンヒ（E. Münch）が提唱した仮説である（**図4・28**）．

　この説によると，図に示した仕組みでソース側の溶液全体がシンク側に向けて篩管内を移動することになる．途中，溶質は他のシンクで使われて溶液は薄まっていく．ソース側で細胞内に外から取り込まれた水は，シンク側に到達した後，

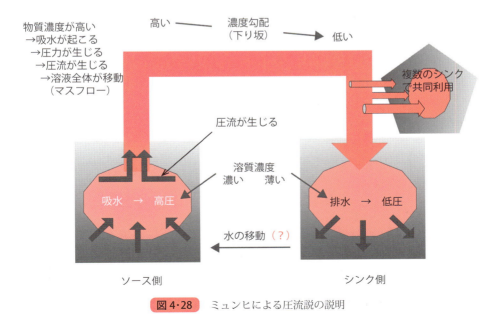

図 4・28　ミュンヒによる圧流説の説明

細胞外に放出されることになる．ミュンヒはシンク側で放出された水がすべてソース側に戻りそこで再利用されると考えたが，この水循環に関する考え方は十分な支持が得られていない．落花生（ピーナッツ）の例では，土中で果実（シンク）が活発に成長するとき，主に水や塩類を直接土壌から吸収している．この成長中の実からソースの植物体に水が戻されるという実験的証拠は得られていない．

ソースやシンク側で実際に起きている現象は，上記の図のように単純ではない．おそらく濃度勾配の高低が両者間での物流の原則であることは否定できないが，輸送の効率（すなわち転流速度）を律速しているのはエネルギーを用いた能動的な働きによると考えられる．

4.6 温　度

4.6.1 植物の生活と温度

気温と植物の分布

地球上における気温の季節的幅は，−70 〜 +40℃ 程度であり（記録としては最低 −93.2℃，最高 +56.7℃ という），年平均気温は −15 〜 +30℃ である．気象庁のデータによれば，世界の年平均気温がここ 100 年で 0.71℃ 増加という長期変化傾向（トレンド）にあるという（**図 4・29**）．世界的な気温上昇傾向は大気中の二酸化炭素濃度の上昇（図 2・2 参照）と関係があるとされている．地球上には広く

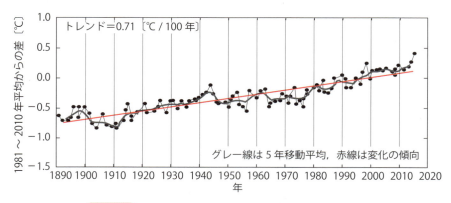

図 4・29　世界の年平均気温の変化（気象庁データによる）

4.6 温度

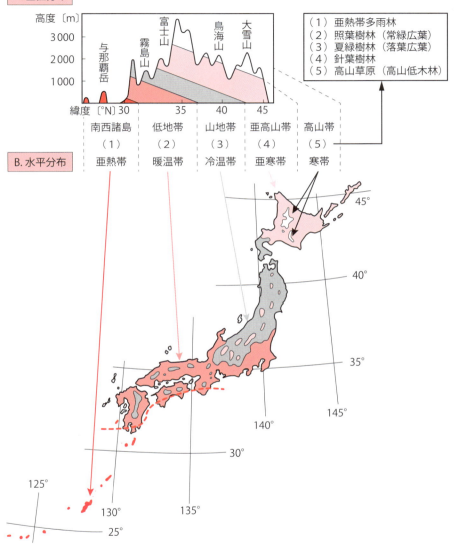

図4・30　植物の水平分布と垂直分布

植物が存在しているが，植物の分布は気温の影響を強く受ける．

気温は緯度が1度高くなるごとにほぼ1℃の割合で低下する規則性をもっている．南北に細長い日本の国土における年平均気温は，最南端北緯24度の石垣島で23.7℃，最北端北緯45度の稚内では6.3℃である．また，気温は高度が1,000 m高くなるに従って6℃ずつ低下する．最も高い富士山の年平均気温は平地よりも22～23℃低く−6.6℃である．

日本は全体が湿潤気候帯に属し，降雨量が植物の生存にとって限定要因となる場所はほとんどなく，植生（ある地域を覆っている植物の群落）は温度要因に大きく影響されている．低緯度の南から緯度が高くなる北に向かって照葉樹林（シイ，カシ，ツバキ），夏緑樹林（落葉広葉のブナ，ミズナラ，コナラ），常緑針葉樹林（トウヒ，シラビソ，エゾマツ）となっている．また，同一地域であっても山地や高山になると，平地の植生より寒い地域の植生になっている（図4・30）．

植物の生存・生育温度範囲

植物が生存できる温度範囲は植物により決まっており，最も好適な生活ができる範囲を**最適温度**という．植物はある限界温度を超えて熱せられたり冷やされると，比較的短時間に回復不能な変化を起こして死ぬ．この**致死温度**が，生存の上限または下限の温度である．致死温度付近に休眠などによる**成長休止温度**が存在する（図4・31）．

植物の物質生産の基盤である光合成は，一般に原産地における生育期間中の日中の温度に対応した光合成の最適温度をもっている．種子の発芽に最適の温度は，発芽期の外界温度に近く，秋に発芽する越冬一年生植物では10℃前後であり，春から初

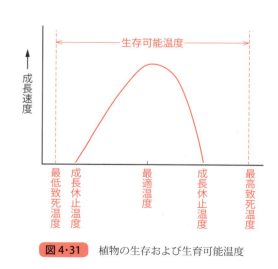

図4・31 植物の生存および生育可能温度

夏に発芽し，その夏のうちに開花・結実する夏の一年生植物では 26～30℃ のものが多い．

　植物の生活と温度との関係は次の二つに要約できる．一つは，光合成，呼吸，核酸およびタンパク質の合成など，基本的な代謝と温度との関係である．もう一つは，春化（4.6.3 参照）や休眠打破で見られるように，ある特定域の温度が植物に対して一種の情報として働き，生活環の完結に不可欠となっている場合である．

　ここで農作物と温度との関係についてブドウ栽培の例を 1 つ挙げておく．ワインなどの原料となるブドウは世界各国で栽培されているが，近年の温暖化によって従来とは異なる栽培方法と収穫時期の見直しが迫られている．ブドウの果実の品質には味覚に関わる糖度と酸度の適切な比と香り成分のピークとが収穫時期と一致することが重要である．温暖化が進むと果実の発育が早くなり糖度も高くなるが，香り成分の減少や味覚成分とのピークのずれが生じるなど，多くの弊害が

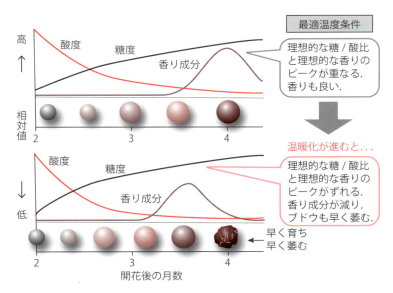

図 4・32　開花後のブドウ果実の発育と糖度，酸度，香り成分変化に及ぼす温暖化の影響（K. A. Nicholas 2015 より改変）

起きると予測されている．このように世界気温の変化は生態系だけでなく農作物の収穫などを通じて私たちの生活にも深く関わって来ている（**図4・32**）．

温度と代謝

温度係数（Q_{10}）とは，温度が0℃から+10℃のように10℃の温度上昇で，反応速度がどのくらい大きくなるかを示すものである．植物が，正常な生化学反応を行うことが可能な温度範囲（多くの植物では5〜40℃）におけるQ_{10}は，およそ2付近になる．

$$Q_{10} = \frac{10℃上昇したときの反応速度}{ある温度における反応速度}$$

約40℃を超える高温では，多くの酵素はその構成成分であるタンパク質の変性によって不活性化するので，それを防ぐために特別のタンパク質が体内で合成される．しかし，45℃以上の温度が長時間続くと，時間が経つにつれて酵素の活性は次第に減退する．

光合成，呼吸，核酸およびタンパク質の合成など基本的な代謝は，酵素により制御されており温度の影響を受ける．たとえば，エンドウの幼植物の呼吸速度（二酸化炭素の排出量で測定）は，約35℃までは温度の上昇に伴って増加し，Q_{10}価は2.0〜2.5になることが普通に観察される．この温度を超えると，最初は呼吸速度が増加するが，時間の経過に伴い急速に減退する（**図4・33**）．

植物の生理活性における個々の反応は異なった温度係数をもつことが多いので，同じ温度変化でも，ある反応には有利に働き，他の反応には不利に働く．

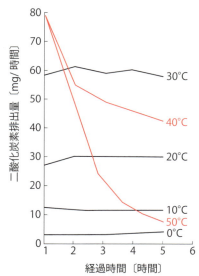

40℃を超えると呼吸速度は時間の経過とともに減退する．

図4・33 温度がエンドウ幼植物の呼吸に及ぼす影響

温周性

植物は昼夜24時間を周期として，あるいは春夏秋冬を周期とする季節によって変動する温度環境に巧みに適応して生活している．

日周期性と成長

室温や居間で植物を栽培する場合，順調に成長させるためには，夜温を昼温より下げたほうがよいことは経験的によく知られている．多くの植物は昼夜の温度が日変化する場合に順調に成長を続ける．これはきわめて一般的な成長に関する温度反応である．

トマトでは，昼温 26℃，夜温 17℃ の変温が草丈の最大の成長をもたらす．昼夜 26℃ の恒温，あるいはその他の中間温度で栽培するよりも速やかである．夜温の低下は地上部の成長に比べて根の成長をより促進し，根に対する糖の転流が増加する．しかし，この転流増加が根の成長増加の原因であるかどうかは明らかではない．セロリの種子のように，昼夜変温下で最良の発芽をするものもある．

昼夜に見られる変温の役割は，細胞内のガス環境の変化（低温ほど二酸化炭素や酸素の溶解度が大きい）や，一連の酵素反応の中で律速段階にある酵素の温度特異性に基づく活性変化などと考えられる．

季節周期性と休眠打破

サクラの代表的な品種のソメイヨシノは4月ごろに開花し，5月から6月にかけて葉の成長が見られる．7月から8月になると，翌年に咲く花芽の形成が行われる．花芽はごく小さいうちに萌芽が止まって，そのまま休眠状態に入り冬を迎える．そして，冬の低温が刺激となって花芽の休眠が破られ，温度の上昇とともに花芽は発育し開花へ向かう．

サクラのみならず，春に花をつける温帯の樹木は，夏に形成された花芽の休眠が冬の低温によって破られ，温度の上昇とともに発育し開花する．低温は休眠が破られることと，次に述べる耐凍性を高めることの二重の意味をもつ．

4.6.2　適応と耐性

‖ 高温適応

　高温による障害は，一次的には高温に伴う蒸散の増加による脱水障害であり，本質的には細胞質の構成成分であるタンパク質の変性である．したがって，生存可能な高温の程度は，高温となる日中の蒸散を抑えて植物体内に必要な水を保持し，かつ，強い日射による植物体温の上昇に対して高い耐熱性をもてるかどうかによって決まる．

　一般に高等植物の耐えうる高温限界は短時間ならばおよそ 50℃ 前後と思われ，通常は 35～40℃ を超すと障害を受ける．しかし，中には好熱植物とよばれ，かなりの高温に耐えられる植物もある．その多くは熱い砂漠，熱帯林，温泉など日中の気温が 50℃ 以上の高温となる乾燥地に生育している．サボテンの一種（*Opuntia* 属）では約 65℃ の生育記録がある．このような植物は形態的・生理的に環境適応がなされている．葉の針葉化，茎や葉の多肉化，陥没型の気孔，表層にクチクラの形成，気孔は夜だけ開く（2.2.7 参照）などがあげられる（**図 4・34**）．

　脱水された状態にある休眠組織は，活発に成長中の植物に比べてはるかに高温に強い．コムギの種子は乾燥した休眠状態の場合 90℃ に約 10 分間耐えるが，24 時間浸水し発芽しかけたものでは 60℃ に約 1 分の処理で枯死する．高温の場合には，さらされる時間が植物の生死に関してきわめて重要である．ムラサキツユクサの葉が熱死するのは，70℃ では 10 分間，55℃ では約 90 分間である．さらされる時間が長いと，さほど高温でなくても枯死する．

　高温はさまざまな代謝過程に種々の影響を与えて植物を害する．普通，呼吸の最適温度は光合成のそれより高い．呼吸速度が光合成速度を上回る温度が持続されると貯蔵栄養物は最後には消費しつくされ，植物は飢餓に陥り枯死に至る．トウジンヒエの幼植物は 48℃ の高温に 12～24 時間さらすと，窒素代謝系が破壊され組織内のアンモニアが有害なレベルまで増加する．

　植物体の枯死に至るほどでなくても，高温は植物の成長に種々の影響を与えている．ハウス栽培などでは高温条件下になりがちで，このためにキクなど栽培植

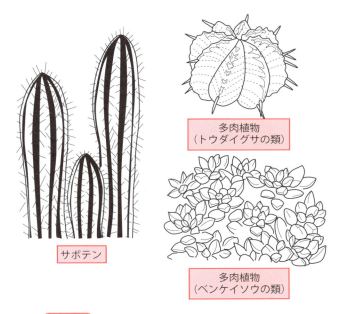

図 4・34 高温乾燥地に生息するサボテンと多肉植物

物の茎の伸長が促進され，根の伸長や分枝が不良となり，正常な発育に至らない現象がしばしば見られる．茎の徒長を抑えるには成長矮化物質*（ホスホン-D，AMO-1618，CCC）を与えなければならない．

ヒートショックタンパク質

通常植物は 45℃ 以上の温度では死に至る．しかし，40℃ 以上の温度にさらされると，ヒート（熱）ショックタンパク質（HSPs）をつくって細胞質内のタンパク質の変性を防ぐ．このような働きをもつものを一般的に分子シャペロンという．HSP タンパク質には多くの種類があり，その分子の大きさや働きにより，いくつかのサブファミリーに分類される（**表 4・3**）．植物には分子量 3 万（30×10^3 ダルトン）以下の比較的小さな HSP（SmHSP）が多いのが特徴的である．

熱ショックタンパク質の遺伝子が発現するためには，熱ショック因子（HSF1）

---

* ジベレリンの合成阻害剤などが使われる．5.3.4 を参照．

表4・3 植物のHSPsファミリーの分類と微生物HSPsとの比較

植物HSPs	大きさ	働き	微生物HSPs
SmHSP	$< 30 \times 10^3$	熱ショックに特異的，植物に多い	sHSP（ラン藻）
HSP60	約 60×10^3	プラスミドの構成的シャペロニン	GroE（大腸菌）
HSP70	約 70×10^3	熱耐性に重要な分子シャペロン	DnaK（大腸菌）
HSP90	約 90×10^3	熱ショックで誘導，熱耐性に貢献	HtpG（大腸菌）
HSP100	$> 100 \times 10^3$	熱耐性，低温，薬剤耐性に貢献	ClpB（大腸菌）

がその遺伝子のプロモータ領域に結合して転写が促進される．この熱ショック因子もタンパク質で活性型は三量体を形成している．細胞質で翻訳されて合成されると，核に移行してから転写因子として働く．熱ショック因子が核に移行すると，先に述べた多くの熱ショックタンパク質の遺伝子が発現され，このタンパク質は細胞質に移行し，さまざまなタンパク質の安定化や変性したタンパク質の構造回復に役だつ．しかし，熱そのものをどのように植物の

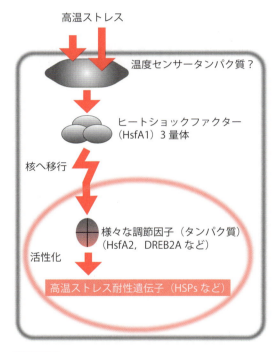

図4・35 高温ストレスに対する遺伝子発現の模式図

細胞が感じているか，つまり熱センサーについては解明されていない．

また，最近の研究から，HSF1には多くの種類があり，その中には温度ストレス応答で中心的な制御を担うものとその下流で集団となって発現を強化するものに分化していることもわかってきた（図4・35）．中でも，三量体を形成する

HsfA1のサブファミリーは，マスター調節因子として下流に位置する七つ以上の転写因子を介して熱ショック耐性に対応している．現在，それら転写因子の活性制御機構や下流遺伝子の解析が進められている．解明したこれらの仕組みを応用することにより，高温ストレスに強い作物の育種も期待される．

低温適応

冷害・凍結害：熱帯や亜熱帯原産の植物（イネ，トマト，トウモロコシ，キュウリなど）は原産地の気温に適応しており，0〜15℃の低温にさらされると生育障害が現れ，ときには枯死する．イネは，7, 8月ごろに低温に出会うと収穫が激減して冷害となる．たとえば，開花期ごろに17℃以下の気温になると，花粉が死ぬため受精が起こらず不稔籾を生ずる．また，寒さに弱い植物では結氷点以下の低温にさらされると，細胞内で水分の凍結が起こり，氷晶のために細胞質は機械的に破壊されて死んでしまう（凍結害）．

耐凍性・耐寒性：温帯地方の寒さに強い越年生草本や木本植物は，凍結した状態で長い期間を過ごすことができる（耐凍性）．この場合の凍結は細胞外凍結である．細胞と細胞の間隙で凍結が始まり，細胞内の水は徐々に細胞外に引き出されて凍る．細胞質は脱水されて収縮し，細胞液が濃くなるが機械的な破壊からは免れる．細胞間隙の氷が融解すると，再び水が細胞内に吸収されて細胞はもとの状態に戻る．

夏には，急に出会った低温に対して耐性をもたないにもかかわらず，寒い冬になると，低温に対して強い抵抗性を示す植物がある（**図4・36**）．これらの植物は，夏から秋に向かって一日の最低気温が低下していくに従って耐凍性を獲得していく．結氷点以下の低温にさらされても凍結しないで過冷却の状態を持続し，厳寒期を無事に経過する．落葉広葉樹の葉芽，花芽，形成層など，−20〜−40℃まで深く過冷却して越冬していることが見いだされている．一般に，寒さが厳しいところに自生している植物ほど耐凍性が高い傾向が見られる．

耐凍性を獲得した細胞では，その微細構造にも変化が見られる．リボソームや小胞体の増加，液胞の小型化と細胞質の増加などである．また，細胞内ではスクロース濃度の高まり，水溶性のタンパク質やアミノ酸，核酸（RNA）などの含

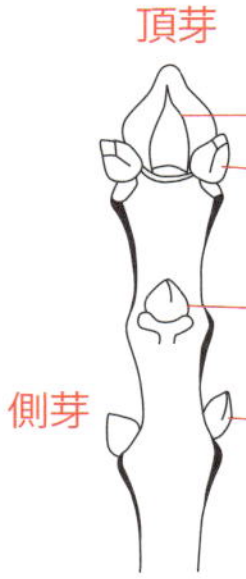

	11月末	冬	初春	春 新梢の伸長期
頂芽	−12	−27	−3	−3
	−19	−33	−14	
	−23	−30〜−37	−7	−5
側芽	−25	−30〜−37	−11	−11

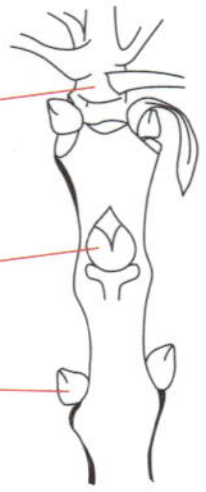

↑
冬の耐凍性がいちばん大きい．

図 4・36 トネリコの枝の頂芽・側芽の生存最低温度〔℃〕における季節変化（Larcher，1980 より）

量増加が見られる．これらと耐凍性の関連が論じられている．そのほか，植物ホルモンのサイトカイニンが耐凍性獲得に促進的に作用することが知られている．

なお，興味深いのは，耐凍性と耐熱性が並行して変動する植物があることである．冬には耐凍性を獲得するエリカ（*Erica tetralix*）では夏の耐熱性は 40〜45℃である．これは，環境ストレスに対する植物の防御の仕組みが，ある程度共通していることを示唆している．

‖ 脂肪酸組成と温度

温度の変化は細胞膜やミトコンドリアなどの生体膜の性質にも大きな影響を与える．通常，常温において生体膜の内部は液体状態に近い半結晶状態（これを液晶状態という）を保っている．これにより，膜は常に一定の流動性を保っている．この性質を決めているのは主成分であるリン脂質などの膜脂質である（**図 4・37**）．

リン脂質にはリン酸を含む親水性の官能基（ヘッドという）があり膜の両外側を向くように配列している．また，そのヘッドに疎水性である二本の長鎖脂肪酸（すなわち炭化水素の鎖）がしっぽ（テイルという）のように結合している．このテイルの部分は膜の内側に存在し，リン脂質同士が疎水結合で結びついて脂質二重膜構造を形成するのに役立っている．これはリン脂質同士が自発的に結びつ

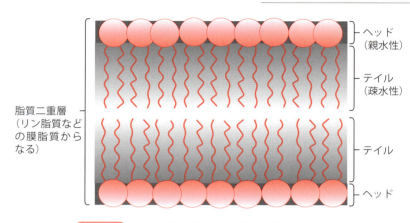

図 4・37　リン脂質などからなる脂質二重膜の基本構造

いてできるもの（会合という）なので，その中に疎水性のタンパク質も自由に存在することができる（流動モザイクモデル）．つまり，リン脂質の流動性が保たれる限りタンパク質の活動も保証される．

しかし，気温が下がると膜の流動性に異変が起こる（**図 4・38**）．膜の流動性は膜に存在する種々のタンパク質の機能発現にも深く関わっているから，膜の流動性が低下すると，それらの働きが失われる．つまり，膜での物質やイオン輸送，情報伝達，電子伝達や光合成の反応などができなくなり，細胞にも強いダメージが生じる．しかし，植物にはその流動性を維持しようとする働きがある．

その一つが，低温順化過程における不飽和脂肪酸鎖の合成促進である．通常，飽和脂肪酸のようにその炭化水素鎖が －C−C−C− という一本の結合の手で結ばれていると，鎖と鎖の間にすき間ができにくいので気温低下とともにそれらの動きもきつくなる．しかしそうならないように，気温が低下すると植物は膜リン脂質のテイル鎖の不飽和結合，つまり二重結合（−C＝C−）や三重結合（−C≡C−）を増やしてすき間を増やそうとする．これにより低温でも鎖同士が自由に動ける状態を維持することができると考えられる．低温順化時における生体膜の遷移温度変化やイオン透過性の変化が調べられている．近年，植物のリン脂質組成を人為的に制御することにより，植物の低温耐性を強化できるようにもなってきた．

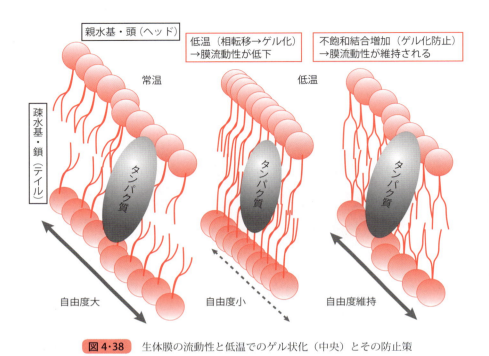

図 4・38 生体膜の流動性と低温でのゲル状化（中央）とその防止策

4.6.3 春化とその機構

‖ 春化

植物が一定の期間低温に出会うと花芽を形成する現象を，春化（バーナリゼーション）という．

ムギの品種には秋まき型と春まき型があり，一般には秋まき型は春まき型より多収穫である．秋まき型は秋にまかれると発芽，成長を開始するが，冬の到来とともに成長を停止し越冬する．春になると成長を続けて穂を出し，初夏には開花，結実*する．

ところで，シベリアのような高緯度の寒冷地帯では，厳寒期に秋まきムギの幼植物が凍死することがある．そこで，冬の間は幼植物を温室で育て，春に畑に出したところ花芽を形成しなかった．秋まきコムギに水を含ませてわずかに発

---

* 果実を形成することで，内部に種子がつくられる．

4.6 温度

芽させた後,袋に詰めて雪の中に埋めておき春にまいたところ,立派な穂が出て開花,結実し,実用的な栽培に成功した.これは旧ソ連のルイセンコ(T. D. Lysenko, 1898～1976)の提案を受けて,同氏の父が自分の農場で行った栽培方法である.ルイセンコはこれをヤロビザチアすなわち春化とよんだ.1929年のことである.後に英訳されてバーナリゼーションとよばれることとなった(**図4·39**).

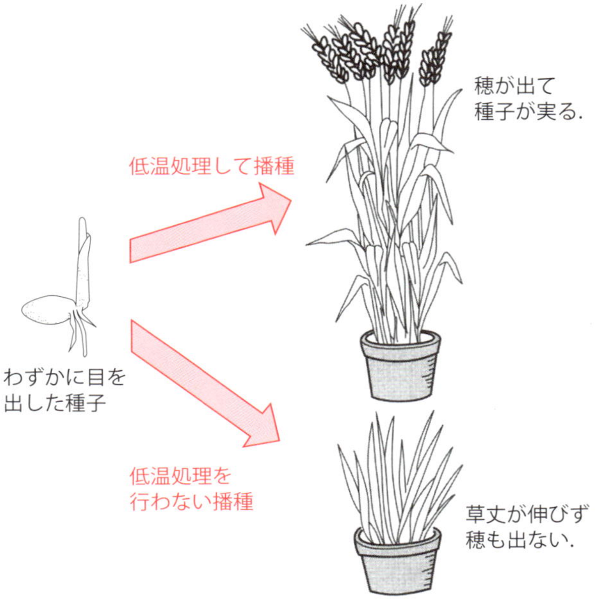

秋まきムギは,一定期間低温にさらされると正常な発育をする.

図4·39 バーナリゼーションとムギの発育

開花する前に低温期を経なければならない.つまり春化処理を必要とする植物には秋まきのコムギやライムギのほか,キャベツ,ニンジン,サトウダイコン,二年生植物[*1]のヒヨス,サトウチシャ,セロリ,ジギタリスなどがある.多年生植物[*2]のサクラソウ,サンシキスミレ,ナデシコなどが毎年花を咲かせるためには,冬ごとに低温にさらされる必要がある.開花時期が低温により早められはするが,低温処理をしなくても開花する植物も多数あり,レタスやホウレンソウなどがあげられる.

---

*1 春から夏に種子をまき,翌年の春から夏に開花,結実して一生を終える.
*2 開花,結実が起こっても,植物体は多年にわたって生育するもの.

バーナリゼーションの機構

秋まきのコムギなどは，発芽直後に数日から数週間低温処理をすれば春にまくことができる．多くの種にとって0〜5℃が春化に最適である．低温（春化）処理後，すぐに高温下に置くと春化処理の効果がなくなる．これを**脱春化**という．

たとえば，ライムギのある品種では，春化処理直後の幼植物を直ちに35℃に24時間さらすだけで春化効果を失ってしまい脱春化する．また，低温刺激は若い胚や幼植物の分裂中の細胞によってのみ受け取られ，休眠種子を春化させることはできない．

花芽の形成には低温に続く長日（適当な光周期）が必要である．ヒヨス（ナス科植物）には一年生と二年生がある．二年生のヒヨスはロゼット型で越年し，この時期に春化される．翌年の初夏（長日条件）になると，茎を伸ばして抽だい型になり花芽をつける（図4・40）．しかし，長日条件を先に与え，その後に低温（春化）処理をしても，二年生のヒヨスは花芽をつけない．

低温処理によって開花誘導された植物を接ぎ穂として，春化されていない台木に接ぐと台木に開花を誘導する．これにより，春化処理は一種の植物ホルモン"バーナリン"を生産させ，これが開花を誘導すると考えられる．しかし，このような物質はまだ分離されていない．

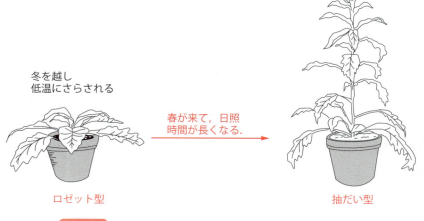

図4・40 ヒヨスの開花前（ロゼット型）と開花後（抽だい型）

4.6 温度

ところで,二年生のヒヨスやニンジンなどは,低温処理をする代わりにジベレリンを散布することによって開花させることができる(**図4・41**).またロゼット型のときは,体内のジベレリンの量が少なく,抽だい型に移行するときに増加することがいくつかの植物で知られている.低温処理をジベレリンで代用できる植物があることから,ジベレリンがバーナリンであることの可能性が論議されてきた.

以上の植物制御の実験に加えて,花成(開花)の制御に関する遺伝学的経路も解明が進んでいる(3.2.6 参照).長日植物では,低温要求性を示すコムギやシロイヌナズナ,サトウダイコンなどを用いて,春化処理に依存的な経路(VRN1-FLC 経由)が明らかになっている.この VRN1 タンパク質は,その合成が低温によって誘導され植物の成長抑制と開花促進の両方に働く転写因子であり,コム

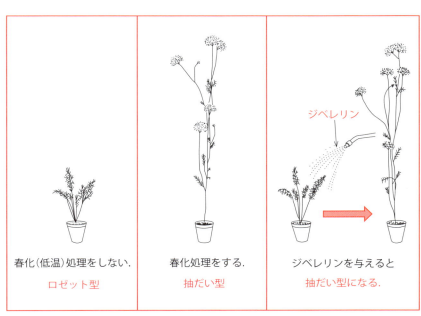

春化(低温)処理をしない.	春化処理をする.	ジベレリンを与えると
ロゼット型	抽だい型	抽だい型になる.

ニンジン(*Daucus carota*)にジベレリンを与えると春化処理をしたのと同じ結果となる.茎が伸び花芽が形成され,開花・結実する.

図4・41 春化処理を代行するジベレリン

ギなどの開花時期を決定する重要な働きをもつ．花成誘導に関わる他の制御経路として光周性依存的な経路（GI-CO経由）と自律的な花成促進経路（FCA-FLC経由）とがある．春化処理（VRN1）の情報は後者のFLCに伝達されるので，低温による花成誘導は自律的促進経路がさらに進むことによると考えられる．一方，ジベレリンはこれらとは別の遺伝子群に働きかけることがわかってきた．したがって，バーナリゼーションとジベレリンとの直接的な関係は遺伝学的制御レベルではまだ不明である．これらの経路のシグナルがどのように統合されて花成ホルモン（FT）の誘導につながるのか，今も研究が進められている．

　今までに得られた多くの知見から，低温（春化）処理と花芽形成に至る順序は**図 4·42** のようにまとめられる．

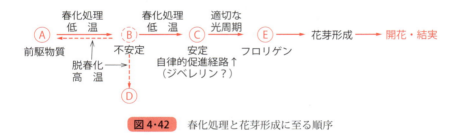

図 4·42　春化処理と花芽形成に至る順序

4.6.4　紅葉と黄葉

∥秋のもみじ －液胞のアントシアニンの働き－

紅葉現象に及ぼす低温と強光の相乗作用：カエデ，サクラ，ツタなどの日本の落葉広葉樹は，落葉に先立ち緑だった葉が赤や黄，褐色にと美しく紅葉する．わが国の紅葉現象の美しさは世界的に有名である．紅葉現象は1日の最低気温が8℃を割ると始まるので，地域的に見ると寒い地方から開始し暖かい地方に広がっていく．山では，山上で始まりふもとに及び全山が錦となる．

　紅葉現象の色調は1本の木についている葉でも葉ごとに微妙な違いが見られる．日がよく当たる葉（陽葉）ほど紅葉化は著しく，日影の葉（陰葉）になるとより一層の低温にならないと紅葉しない．

　鮮やかな美しい紅葉現象が見られるための環境条件としては，昼間の気温が

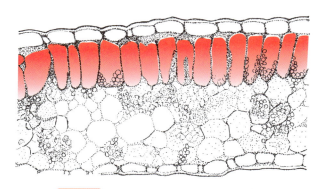

図 4・43　カエデ紅葉の切断面光学顕微鏡像

　20 ～ 25℃ と暖かく，秋の日ざしを十分に受けること，空気が澄みきっていて豊富に紫外線を受けること，しかも夜間には 5 ～ 10℃ と冷え込み昼夜の気温差が大きいこと，大気中に適度の湿気が含まれていて葉が乾燥・枯死しないことなどがあげられている．

　赤い葉をつくる色素は，一, 二の例外はあるがほとんどすべての植物の場合アントシアニン系色素グループの一つで，**クリサンテミン**[*]という色素である．この色素はヒガンバナ，エゾギク，クワの実，クロマメの種皮などからも取り出され，植物界ではかなり分布が広い．クリサンテミンは水溶性で，葉肉組織の細胞内にある液胞中に赤い色素として溶けている（**図 4・43**）．

　秋になるとコルク質の離層という組織が落葉前の葉柄の付け根に発達する．離層が形成されると葉中の物質は茎へ転流できなくなる．一方，葉中では秋になると葉緑体が崩壊し，葉緑体の約 60% を占めているタンパク質はアミノ酸に分解する．葉肉細胞内の高分子炭水化物も分解して糖となる．これらのアミノ酸や糖からクリサンテミンを生成する．クロロフィルの分解・消失は，昼夜の温度差が大きいと進行し，夜も暖かな気温であると進行しないといわれる．

* 　クリサンテミンの化学構造式は以下のとおり．

黄葉と褐葉－黄色カロテノイドの働き－

イチョウやポプラの葉が黄色を呈するのは，緑葉中にもともと存在していた黄色カロテノイドのルテイン[*1]などが緑色のクロロフィルの分解・消失時に残存し，目につくようになるからである．

なお，クヌギやクリ，コナラなどが落葉期に褐葉となるのは，無色のカテキン類[*2]などのタンニン系物質が酸化重合して，褐色ないし赤褐色のフロバフェンになったためである．タンニン系物質は化学的には赤色のアントシアニンとごく近縁な物質で，やはり糖を出発物質として生合成される．したがって，葉緑体中に残存するカロテノイドの色によるものではない．

冬のもみじ

もみじなどの落葉広葉樹の華々しい紅葉現象の陰に隠れて，スギ，ヒノキなどの針葉樹の葉が紅褐色化することはあまり知られていない．しかし，数多くの針葉樹にも紅葉現象は見られる．メタセコイアやヌマスギなどの落葉針葉樹は秋のころに紅褐色化した後に落葉する．スギ，ヒノキ，コウヤマキなどの常緑針葉樹は厳寒期に紅褐色化し，来る春には再び緑に戻る．これらの針葉樹の葉が紅褐色化するのには，落葉広葉樹の場合と同様にやはり十分な光と低温が必要である．

[*1] ルテイン（$C_{40}H_{56}O_2$）は，黄葉キサントフィルの一種である．

[*2] タンニンの化学構造式は以下のとおり．

[*3] ロドキサンチン（$C_{40}H_{50}O_2$）の化学構造式は以下のとおり．

4.6 温 度

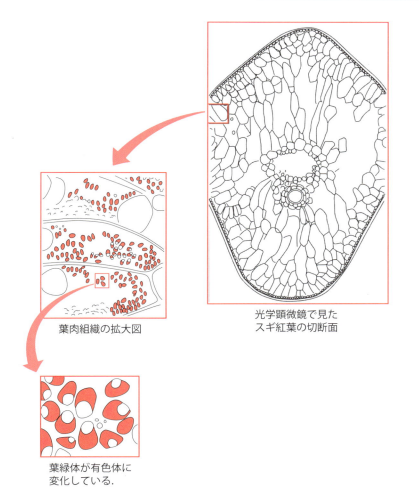

葉肉組織の拡大図

光学顕微鏡で見た
スギ紅葉の切断面

葉緑体が有色体に
変化している.

図 4・44　スギ紅葉の切断面の光学顕微鏡像

また,幼樹ほど紅褐色化は激しい.

　針葉樹の葉が紅褐色化するのは,赤色カロテノイドのロドキサンチン[*3]が緑色のクロロフィルの消失につれて葉緑体内に顆粒状に生成することに起因する(**図 4・44**).赤い顆粒を含んだ状態を**有色体**という.葉緑体が有色体に変化したのである.

4.7 重　力

4.7.1　重力屈性

　重力は，光や温度などの環境要因と違って，地球上ではその大きさや向きは変化しない．そのため，地球上に暮らす多くの植物は，重力の方向を姿勢の制御に利用している．種子が発芽すると，根は地中（重力方向）に，茎はまっすぐ上（重力と逆方向）に伸びていく．このような成長は，光のない真っ暗な環境でも観察される．また，何らかの原因で植物が倒れた場合，植物は成長する方向を変化させて自分で起き上がることができる．植物が重力方向またはその反対方向へ屈曲する性質を重力屈性という．植物の地上部は重力（地球の中心）から反対方向に屈曲し負の屈性を示す（**図4・45**）．これに対し，根は重力に向かって曲がるという正の屈性を示す．屈曲は，横たえた植物の茎や根の上側と下側の細胞の成長度合いが異なること（偏差成長）によって起こる．

　重力屈性における偏差成長には，光屈性の場合と同様に，オーキシン（オーキシンについては5.3.3を参照）が重要な働きを担っている．オーキシンは濃度によって成長に対する効果が異なる．また，器官によって作用する濃度は異なっている．根は茎に比べて非常に低い濃度で反応するため，茎の伸長成長を促進する濃度では根の伸長成長は抑制される．植物を横たえると，横になった茎の上側にある部分よりも下になった部分でのオーキシンの濃度が高まり，その部分の成長が促進され茎が上向きに屈曲する．根でも，下側の部分でのオーキシンの濃度が高まるが，その部分の成長が抑制されて下向きに屈曲する．茎と根で曲がる方向が逆になるのは，茎と根のオーキシンに対する反応が違うためである．重力屈性も屈曲の起こる機構については，このようにコロドニー・ウェント説（4.4.3参照）によって説明されている．

　植物細胞の細胞膜には，オーキシンを細胞内に取り込むタンパク質と細胞の外に排出するタンパク質が存在する．茎の先端にある芽や若い葉で作られたオーキシンは，これらのタンパク質の働きで茎の先端から根の先端へと運ばれる．植物を横たえると，細胞膜上のオーキシンを細胞の外に排出するタンパク質が細胞の下側に多く分布するようになり，オーキシンの濃度が茎や根の下側で高くなる．

4.7 重 力

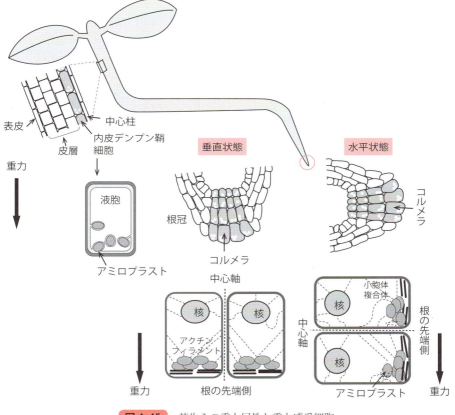

図4・45　芽生えの重力屈性と重力感受細胞

4.7.2　重力受容

　重力屈性において刺激を受容するのは光屈性とは異なり色素ではない．1871年ツィーシールスキ（T. Ciesielski，1846～1916）は根の根冠を含む先端を除くと重力屈性がなくなることを発見した（**図4・46**）．根冠を切り取ると残りの根は重力屈性を示さなくなるが，切り取った根冠をもとのところに戻してやると，正常な重力屈性を示すようになる．根の重力受容細胞（平衡細胞）は根冠に存在する．根冠の中央部にコルメラ細胞があり，そこには他の細胞より直径が10倍以

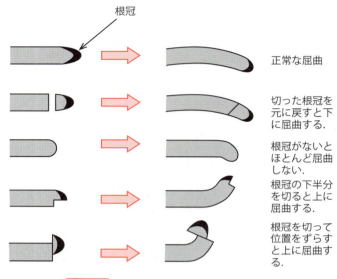

図4・46 根の重力屈性における根冠の働き

上大きなアミロプラスト（デンプン粒）を含んでいる．アミロプラストが重力によって細胞の中で沈降し，細胞内の膜系を刺激することで重力刺激が受容される．これは，デンプン-平衡石説とよばれている．この仮説は，レーザー照射によりコルメラ細胞を除去した根やデンプン合成に関わる酵素に欠損を持つ突然変異体において，重力屈性が見られなくなったり，著しく弱くなるという実験によって支持されている．

茎では，重力屈性の刺激の受容は，皮層の内側に位置する内皮細胞層で行われていると考えられている．内皮細胞には，根のコルメラ細胞と同様に，アミロプラストが含まれている．茎では内皮細胞のアミロプラストが重力方向に沈降することによって，重力刺激が受容されている．内皮細胞が欠失した突然変異体では，茎は重力屈性を全く示さないが，根は正常な重力屈性を示す．これは，茎と根では，刺激受容は独立して働いていることを意味している．

4.7.3　微小重力環境下の植物

　陸上植物は数億年前に海に生息していた藻類が地上に上がってきたことに由来する．地上は海と異なり乾燥が大問題で，さらに浮力がない．植物はこの環境に適応するように進化してきた．表皮にクチクラや気孔などをつくって乾燥に対処した．浮力がないことで体を支える必要性が増し，細胞壁の性質を変えたり維管束が発達することになった．人間が宇宙を目ざすと人間の長期の生活を支えるために宇宙に植物が運ばれるであろう．そのため，宇宙環境で植物がどのように生育するかを知る必要がある．地上と宇宙では重力以外に，紫外線や放射線，気圧，土壌や水環境なども異なる．

　地上と宇宙の環境を比較すると，もっとも人為的制御に困難があるのは重力であろう．宇宙は無重力であるといわれるが，宇宙といえども重力は完全にゼロとはいいがたいので**微小重力**であるという．国際宇宙ステーションは，高度約 400 km の軌道を飛行しており，重力の大きさは，$10^{-6} \sim 10^{-4} \times g$ である．これは地球上の重力の 1 万分の 1 〜 100 万分の 1 という値である．地上でも落下塔や落下坑などを用いた自由落下により微小重力環境をつくり出すことができるが，そのような環境を持続できるのは 5 秒程度である．航空機を放物線飛行（パラボリックフライト）させると，もう少し長く 20 秒程度の微小重力環境をつくることができる．航空機によるわずか 20 秒間の微小重力環境でも，熱対流が抑制され，葉と周辺空気との熱やガスの交換が抑制され，葉温の上昇や光合成の抑制が引き起こされることがわかっている．

　物体を水中に浸すと浮力のために自重が軽減されて，一種の微小重力環境をつくり出すことができる．水中でも生育することができるイネを用いた実験では，幼葉鞘が細長くなり，このような形態をもたらす原因の 1 つが微小重力であることが示されている．微小重力環境を模倣するもう一つの方法として，同じ方向の重力を持続させないという手段がある．たとえば，植物が重力屈性を示す前に植物を回転させると，重力の方向が変わってしまい，屈曲が見られなくなる．そのための装置が考案されている．このような装置をクリノスタットという（**図 4・47**）．クリノスタットで育てた植物の形態は，実際に，宇宙船内の微小重力環

境で育てたものとほとんど同じであることが示されている．

　地上では植物の姿勢は重力屈性に従って制御される．宇宙の微小重力環境下でシロイヌナズナを育てると，根も茎も好き放題な方向に伸ばす．ところが，アズキやエンドウ，イネ，トウモロコシなどでは，好き放題な方向ではなく，ある決まった方向に成長する（**図 4・48**）．微小重力での形態形成は種子にもともと組み込まれている形態が重力で修飾されず実現したと考えられるので，自発的形態形成とよぶ．

　自発的形態形成の他にも，地上では重力の影に隠れてしまう現象が，宇宙でははっきりと観ることができ，その現象が解析されてきた．たとえば，水分屈性がある．水分屈性とは，根が水分の多い方向に屈曲する反応である．宇宙実験の結果，水分屈性も，光屈性や重力屈性の場合と同様に，オーキシンによって偏差成長が引き起こされていることが示されている．また，ウリ科の植物が芽を出すと

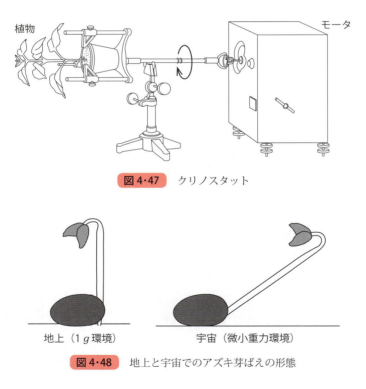

図 4・47　クリノスタット

図 4・48　地上と宇宙でのアズキ芽ばえの形態

き，ペグという突起を根と胚軸の境目につくる．地上では1つのペグが下側につくられ，種皮の下側を押しつけることにより，子葉が種皮から簡単に抜け出せるようになっている．ところが，宇宙では，両側にペグがつくられることがわかった．このペグの形成もオーキシンによって制御されている．

4.7.4 過重力環境下の植物

宇宙に行くにはロケットで地球の重力を打ち破らなければならない．このとき，さらなる重力がかかる．宇宙に行くには微小重力の前に**過重力**を経験することになる．また，宇宙のどこかでは地球上より重力の大きなところがあるかもしれない．さらに，過重力は微小重力の反対側にあるといえるので，過重力の実験から微小重力の影響が理解できる可能性がある．過重力は遠心分離機で植物に遠心力を与えることによって実現できる．

地上で暮らす生物は，重力に対抗できる体をつくらなくてはいけない．植物が，重力に対抗できる体をつくることを抗重力反応という．植物の抗重力反応は，主に植物を過重力環境下で生育させ，その反応を解析することで調べられてきた．過重力のもとでは，茎は太く短くなり，強固な細胞壁をつくるようになった．また，過重力で誘導された反応は，過重力を取り除くと，ほぼ完全に解消した．これらの結果をもとに実施された宇宙実験では，茎が細長くなり，細胞壁が弱くなることがわかった．このことから，植物は茎の形態や細胞壁の強度を調節して，重力に抗して体を支えていると考えられている．

第5章で述べるように，細胞質表層微小管が細胞壁に新しく付加されるセルロース微繊維の方向を制御することを通して細胞の伸長方向，ひいては細胞の形を制御している．過重力によって茎が太く短い形態になる際にも，表層微小管が関与している．過重力環境では，表層微小管の配向が横向き（細胞長軸に垂直）から縦向き（細胞長軸に平行）の方向になり，細胞の成長方向が変化する．その結果，茎が太く短くなり，重力に対抗できる体となる．細胞壁の強度に関しては，過重力環境では，細胞壁多糖の分解が抑えられることによって，細胞壁多糖の量や分子量が増加し，細胞壁の強度が増加することが示されている．また，この過程には，細胞壁多糖を分解する酵素のレベル低下と細胞壁のpH上昇が関わって

いる．これは，ちょうどオーキシンによって引き起こされる現象と逆の現象である．

重力屈性では，刺激の受容には，重力受容細胞にあるアミロプラストが関与している．重力受容細胞の働きが欠失した突然変異体でも抗重力反応は正常に起こる．すなわち，これらの突然変異体でも，過重力のもとでは，茎が太く短くなり，細胞壁の強度が増加する．この結果は，重力屈性と抗重力反応では，刺激受容の仕組みが異なることを示している．抗重力反応では，細胞膜上にある機械刺激受容体（メカノセンサー）が刺激受容を担っている．

4.8 生体防御

植物も病気にかかる．人間なら体がだるくなったり，のどが痛くなったり，熱が出たりするが，植物は病気とどのようにして闘っているのだろうか．

4.8.1 病原体の感染経路

病原体が植物に感染するためには，植物体内に侵入することが必要である．植物の表面は，ワックスやクチクラ，そして，細胞壁に覆われており，病原体の侵入を物理的に防いでいる．植物の表面に存在する気孔は，ガス交換に重要な役割を果たしているが，多くの病原体の侵入経路となってしまう．また，昆虫などの摂食などによってできた傷口も感染経路となる．細菌やウイルスは，能動的に植物細胞内に侵入する能力を持っていないので，これらの感染経路により侵入する．また，ウイルスの中にはアブラムシなどの昆虫やダニを介して植物体内に侵入するものも多く存在する．ウイルスは，昆虫やダニなどが病気にかかった植物を摂食し，その後，健全な植物を摂食することによって広がっていく．口針に付着したウイルスが植物体内に侵入する場合や，昆虫やダニの体内で増殖したウイルスが唾液とともに植物体内に侵入する場合がある．

植物に感染する病原体にはカビの仲間である菌類（糸状菌）も知られているが，これらは胞子として空中を浮遊し，植物の表面に到着すると胞子が発芽し，菌糸を伸ばす．この菌糸は細胞壁を溶かしながら細胞内部に侵入する．植物に感染す

る菌類は，細胞壁を構成する多糖成分のうちペクチンやセルロースを分解する酵素を分泌することが知られている．細胞壁の成分を壊して，細胞内に侵入するためである．

4.8.2 植物の防御システム

菌類が植物体内に侵入すると，植物は侵入した菌類に対し二つの戦略で生体防御を行う．一つ目は自分の細胞壁の分解物を使う手段である（**図 4・49**）．菌糸から分泌された酵素 P（ペクチナーゼ）でペクチンが分解されると，高分子であったペクチン分子が細切れになり，ペクチン断片ができる．この断片が生じると，細胞膜の外側についている受容体がこのペクチン断片を認識してシグナルを出し，これが核内に伝わり，菌類を殺すための**ファイトアレキシン**を生成するための遺伝子が発現される．転写された mRNA は細胞質に移動し翻訳され，前駆物質 X を基質としてファイトアレキシンを合成する．ファイトアレキシンは細胞

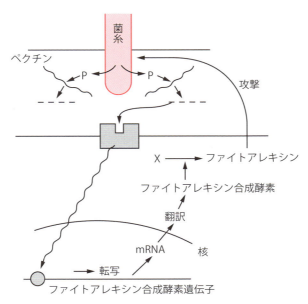

図 4・49 自己の細胞壁分解物を利用する生体防御システム

膜を通過し細胞外に分泌され菌糸の成長を阻害する．ファイトアレキシンは植物の種によってさまざまであるが，病原菌を殺すために植物が生産する物質を総称してファイトアレキシンとよぶ．

　二つ目は，植物に感染する菌類がもつ細胞壁成分をシグナルに使う手段である（**図4・50**）．植物の細胞壁と菌糸の細胞壁の成分は異なっている．そこで植物は菌糸の細胞壁を壊す酵素G（グルカナーゼなど）を細胞から細胞壁中に分泌しておく．侵入してきた菌糸が，待ち構えていたこれらの酵素に触れると，菌糸の細胞壁から細胞壁断片が生じる．この断片は植物の細胞膜に存在する受容体に認識され，菌糸が進入してきたことがわかる．この受容体からシグナルが核に到達し，同じようにファイトアレキシンが生産され，菌糸の成長を阻害する．

　ファイトアレキシンの生産による防御は，病原菌に感染する前に働く．これとは別に，植物が病原菌に感染した場合，感染した細胞がまわりの細胞とともに強制的に死んで，病原体をその中に閉じ込めるという戦略ももっている．これを**過**

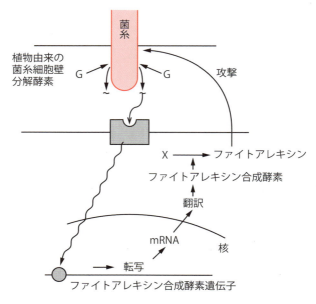

図4・50　菌系の細胞壁分解物を利用する防御システム

敏感反応という．この細胞死により，病原菌の栄養源をなくすとともに，病原菌を取り囲み，他の部位への侵入を防ぐことができる．

4.8.3 ファイトアレキシンとサプレッサー

病原体の感染により植物が新たに合成する抗菌性の物質をファイトアレキシンといい，現在までに 200 以上のファイトアレキシンが単離されている．植物の種によって合成されるファイトアレキシンの種類が決まっている．ファイトアレキシンにはフラボノイドやテルペノイド，脂肪酸誘導体などがあり，ほとんどのファイトアレキシンは，ペントース－リン酸回路を経由してシキミ酸から合成されている．ファイトアレキシンなどの生体防御反応を誘導する引き金となる物質を**エリシター**という．病原体や植物由来の細胞壁多糖の断片や活性酸素がエリシターとして働く．

植物は病原体に対する防御機構をもつにもかかわらず，なぜ植物は病気にかか

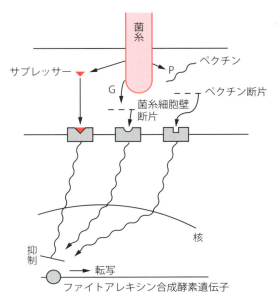

図 4・51 病原菌が植物の防御態勢をくぐり抜ける仕組み

り，ときには作物に被害を及ぼすのであろうか．植物に感染できる病原体は，どのようにして防御機構をくぐり抜けるのであろうか．植物に感染する病原体は，植物が細胞壁断片を認識してファイトアレキシンを合成するまでの時間を遅らせる仕組みをもっている（図4・51）．サプレッサーとよばれるこの抑制物質は，菌糸から分泌され，何らかの仕組みで核内にシグナルが到達し，ファイトアレキシン合成遺伝子の転写を遅らせる．その結果，ファイトアレキシンの合成は遅れ，この間に次々に病原体が細胞に感染する．

4.8.4　生体防御を誘導する植物ホルモン

病原体に対する生体防御の誘導はジャスモン酸とサリチル酸の2種類の植物ホルモンが関与している．植物に病原体が感染すると，植物体内のジャスモン酸の濃度が上昇する．これに引き続いて，病害抵抗性遺伝子の発現が誘導される．このことからジャスモン酸が病害応答の情報伝達因子として働いていると考えられている．

過敏感反応により死んだ植物の組織では，サリチル酸が大量に蓄積されている．蓄積されたサリチル酸自身が抗菌活性を持つばかりでなく，感染を植物全体に伝える働きも持つ．サリチル酸のメチルエステル体は揮発性があり，感染部位から離れた部位にも気体として情報が伝わる．情報が伝わった部位では，病害抵抗性遺伝子の発現が誘導される．このような防御は，全身獲得抵抗性とよばれ，感染後，数日から1週間程度続く．

第5章 成長と植物ホルモン

5.1 水ポテンシャル

5.1.1 細胞の成長

　成長とは植物体が大きくなることである．体が大きくなるためには体を構成している細胞が変化する必要がある．変化のしかたとして少なくとも二通りある．一つは細胞の数が増えること（細胞分裂）によって体が大きくなることである．もう一つは細胞自体が大きくなることである（図 5・1）．植物では細胞が大きくなる成長が広く観察される．茎が伸びるときなどでは茎を構成している細胞が伸びる．

　細胞分裂によって生じた若い植物細胞は細胞質で満ちていて，液胞は発達していない．植物細胞が大きくなるに従って液胞が発達し，液胞に向かって吸水が起こり細胞の体積が大きくなる．細胞のこのような成長は細胞の外から水を吸収することによって起こるので**吸水成長**とよばれている．また，茎を構成している細

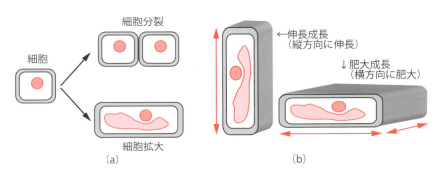

図 5・1　細胞成長のパターン
(a) 細胞分裂と細胞拡大，(b) 伸長成長と肥大成長

胞の吸水成長は縦の方向に起こるので，全体として茎は縦の方向に伸びる．草花の茎の細胞を顕微鏡で見ると，伸びて細長い細胞が見られ，あまり横の方向に成長した細胞は見受けられない．このように，茎などの細胞はもっぱら一次元方向に伸びるので，伸長成長とよばれる．これに対し，葉や貯蔵器官などの細胞が大きくなるときには，二次元あるいは三次元方向に細胞が大きくなるので，肥大成長あるいは拡大成長とよぶ．

5.1.2 細胞成長パターンを決める微小管の働き

細胞が長くなったり太くなったりする仕組みには細胞骨格とよばれる繊維状のタンパク質が働いている．細胞骨格には微小管やアクチン繊維がある．このうち微小管は細胞分裂時の染色体移動に関わることが知られているが，分裂を終えた細胞の成長パターンにも次のように深く関わっている．このときの微小管は細胞膜のすぐ内側に存在し表層微小管とよばれ，働きとしては細胞膜に存在するセルロース合成酵素複合体（CSC）の移動を決定している．すなわち，①微小管が横向きに長くなればこれに応じてCSCは横方向に長いセルロース微繊維（ミクロフィブリル）を合成する．②逆に微小管が縦向きに長くなれば，縦方向に長い繊維が合成されることになる．セルロースの繊維は細胞を締め付けるベルトやワイン樽のたがのような役割を果たすので，結果的に，①の場合は縦（上下），②の場合は横（左右）と，細胞は一定方向にしか拡大できなくなる（図5・2）．微小管の破壊薬（オリザリンなど）を投与するとセルロース合成の方向がランダムになり細胞の伸長や拡大成長が異常になる．このように細胞の伸長成長と肥大成長は表層微小管の配向の違いによって決定されている．アクチン繊維は原形質流動と関わりがあるが細胞成長パターンとの関係はまだ不明である．

では微小管の動きを調節するのは何なのかという疑問が残る．答えとして，植物ホルモンがあげられる．ジベレリンは表層微小管の横向きの配向を促し，伸長成長を誘導する．逆に，エチレンやサイトカイニンは縦向きの微小管の配向頻度を増やし，結果的に肥大成長を促進することがわかっている．また，微小管にはキネシンやダイニンとよばれるモータータンパク質が付随しておりATPを利用して運動のための相互作用などを行っている．これらと植物ホルモン作用との接

5.1 水ポテンシャル

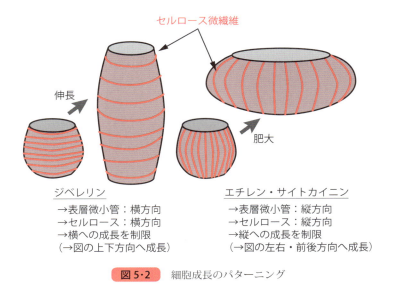

図 5・2 細胞成長のパターニング

点について研究が進んでいる．

5.1.3 浸透圧

　吸水の原動力は液胞液のもつ浸透圧である．浸透圧は水を吸い込む圧力と理解される．半透膜は溶液に溶けている溶質は通さないが水は自由に通す膜である．水と溶液が半透膜を隔てて接していると，水分子は水側から溶液側に流れ込む．溶液に圧力をかけて水の流れを止めることができ，この圧力を浸透圧とよぶ．

　植物細胞の液胞は各種の溶質が溶けた溶液で満たされている．液胞は液胞膜で取り囲まれており，細胞はさらに細胞膜で取り囲まれている．これらの膜は半透膜に近い性質をもっており，液胞液の浸透圧で細胞の外から水が液胞へ流れ込む．

　流れ込めば液胞の体積が，ひいては細胞の体積が大きくなる．このように液胞液の浸透圧は細胞の体積増加の原動力となる．

5.1.4 浸透圧と溶質濃度

　水に溶質が溶けていると，その溶液はその濃度に見合った浸透圧をもつ．その

浸透圧の値は濃度が高くないときにはその濃度に比例する．溶液と純水が半透膜によって隔てられると，水は半透膜を通って純水側から溶液側に移動する．個々の水分子に注目すれば，水分子は純水側から溶液側に移動するし，溶液側から純水側にも移動する．行き来の差し引きが正味の水の移動である．

純水側から溶液側に移動する水分子と溶液側から純水側に移動する水の分子が同数なら正味の水の移動はない．両側から正味の水移動に寄与しないと考えられる分子を同数ずつ除いていくと，ついに溶液側に水分子がなくなり，純水側には水分子が残る．残った分子の数は溶液側に残った溶質の数と同じであろう．すなわち溶液のモル濃度と同じモル濃度の水が純水側に残ることになる（**図 5・3**）．

ここで，純水側に残った水分子は少ないので，それらのふるまいは気体分子のようだと考えられるだろう．すなわち，溶液の溶質濃度と同じ濃度の水分子が純水側から溶液側に気体として拡散していくことと同等ということになる．結局，気体の拡散の圧力と同じ圧力で水が移動することになる．気体の拡散の圧力は次の気体の状態方程式で表され，圧力は濃度に比例する．

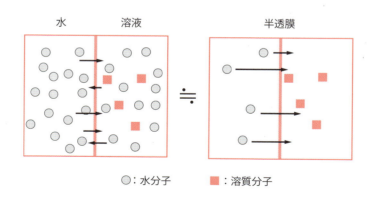

○：水分子　　■：溶質分子

純水と溶液が半透膜を隔てている．水分子は半透膜を自由に通過できるが，溶質は通過できない．両側から水分子が移動するので，正味の水移動に寄与しない水分子の移動がある．これらの移動分子を両側から相殺して考えられる．すべてを相殺すると，純水側には溶液側の溶質と同じ数の水分子が残る．残った水分子はまばらで気体として考えられる．

図 5・3　浸透圧の近似

$PV = nRT$

ここに，P は圧力（気圧＊），V は体積（リットル，L），n は物質量（モル，mol），R は気体定数（= 0.082），T は絶対温度（ケルビン，K）である．

上の式から圧力 P は nRT/V となり，n/V は濃度（モル濃度）であるから，濃度と浸透圧の比例定数は RT となる．1 mol/L の濃度で 0℃（絶対温度：273 K）のとき圧力は 22.4 気圧（2.27 MPa）になる．水は純水側から溶液側にこの圧力で拡散し，水は純水側から溶液側に移動する．両方が異なった浸透圧をもつ溶液の場合には，浸透圧の差で水が浸透圧の低いほうから高いほうに拡散する．

ここで説明した関係が成り立つのは，純水側と溶液側で水の状態がほとんど同じ，すなわち溶液の濃度が低いときである．溶液の濃度が高くなるとこの条件が崩れて，気体の状態方程式で表される値よりも実際の浸透圧の値は大きくなる．

5.1.5　浸透圧と吸水力

植物細胞は細胞外から水を吸い，吸水された水は細胞膜や液胞膜を通って液胞にたまる．細胞膜や液胞膜は半透膜ということができるので溶質は移動せず，膜の両側に浸透圧差があれば水の移動だけが起こる．水が細胞に取り込まれると細胞の体積はそれだけ増加する．

植物細胞の最外部には細胞壁があって細胞の体積増加に伴って拡張される．細胞壁の形や大きさが細胞の形・大きさである．細胞壁が大きく引き伸ばされると細胞壁はこれに対して押し返す力を生じ，その結果細胞内に圧力が生じる．これを膨圧とよぶ．たとえば，袋に水を入れて押すと内部に生じた圧力は水を袋から追い出そうとする．同じように，膨圧は細胞から水を押し出すように働く．浸透圧によって水を吸収すると細胞の体積が大きくなって細胞壁を押し広げ，作用反作用の関係で細胞壁から押し返される．浸透圧がその圧力より大きいと吸水は続くが，等しくなれば吸水は止まる．

したがって，細胞の吸水力は浸透圧による吸水の力から膨圧による水を押し出す力を引いたものになる．押し広げられた細胞壁が力を失うと膨圧が低下して吸

＊　近年，圧力の単位にはパスカルをよく用いるようになった．1 気圧 ≒ 1,013 ヘクトパスカル = 0.1013 メガパスカル〔MPa〕である．

水が起こる．細胞の吸水すなわち細胞体積の増加は，より細胞壁が力を失うかまたはより浸透圧が大きくなることによって促進される．

5.1.6 水の蒸発

純水や溶液の間の水移動は浸透圧を使って考えることができた．水は液体間だけではなく液体と気体の間でも移動できる．すなわち水は蒸発する．そのときにも水の移動について浸透圧のような考えが適用できる．

純水と空気が接しているところを考える．相対湿度が100％のときには蒸発する水分子と空気から水側へ凝縮する水分子の数が等しくなって，正味の水の移動がなく平衡状態になっている．次に，相対湿度90％の空気と純水が接していることを考える（図 5・4）．水側から水分子は蒸発するし，空気側から水分子が水側に凝集する．空気は平衡状態の90％しか水分子を含んでいないので，空気側から純水側への水分子の移動は，純水側から空気側への水移動の90％となる．

浸透圧を考えるときと同様に，純水側と空気側で水移動について相当する水分

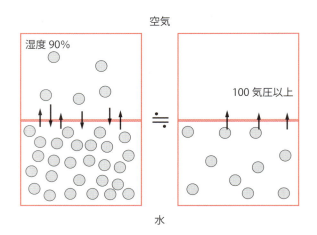

純水と空気が接している．両側から水分子が移動する分を相殺して考える．すべてを相殺すると相対湿度90％なら，水には10％の水分子が残ることになる．水の移動はこの分子が拡散していることに相当する．

図 5・4 気体の水ポテンシャルの近似

子を相殺すると，純水側の水分子が10％残る（図5・4）．このときは浸透圧を考えたときと異なり，相殺するのは同じ分子数ではなく比率と考えるとよい．水分子の濃度は55.5モルなので，10％残るとするなら5.55モルの水が残り，この水が空気側に向かって拡散することなる．気体の状態方程式を考えるとその圧力は約140気圧にもなる．この圧力は浸透圧と同様の考え方で得られたもので，浸透圧と比較できる水ポテンシャルである．この考えの適用も空気側と水側が平衡状態のときからあまりかけ離れていないとき，すなわち相対湿度が高いときに限る．浸透圧と同様に相対湿度が下がると，より値は大きくなる．相対湿度が70％では約500気圧，50％では約1,000気圧にもなる．議論を容易にするために純水を考えたが，溶液であれば浸透圧を考慮すればよい．

5.1.7　水ポテンシャルとは何か

　溶液と溶液の間での水の移動は浸透圧で説明できたが，空気と水の間での水の移動も浸透圧と同じような考えが適用できる．さらに固体では，水分子を吸着する能力が水移動に寄与する．このように植物体内での水の移動には溶液だけでなく蒸散による空気層の関与や，からだを構成している物質による水の吸着が関与する．水移動について共通の値で考察できることが望ましく，その値が水ポテンシャルである．

　溶液，空気層，固体のいずれの関係であっても相の間で平衡状態がある．二つの相，たとえばA相とB相が接しているとする．A相からB相へ動く水分子数とB相からA相へ動く水分子数が同じであれば，正味の水移動はなく平衡状態である．このとき，二つの相の水ポテンシャルの値は等しい．

　水ポテンシャル（ψ，プサイ）は水のもつ化学ポテンシャル（モル当りの自由エネルギー）をモル当りの体積で割った値，すなわち体積当りのエネルギーである．エネルギーは力と長さの積で，体積は長さの三乗であるから，この値の単位は面積当りの力，すなわち圧力と同じである．以上をもう一度整理すると次のようになる：

水ポテンシャル（ψ）＝水の化学ポテンシャル〔J/mol〕／モル当りの体積〔V/mol〕
　　　　　　　　　＝体積当りのエネルギー〔J/V〕（ここで，J = N·m，V = m^3）
　　　　　　　　　＝面積当りの力〔N/m^2〕
　　　　　　　　　＝圧力〔Pa〕

ポテンシャルとは潜在力を表し，高いところでは大きく，低いところでは小さな力を生ずる能力を表している．水は水ポテンシャルの高いところから低いところに移動する傾向にある．また，水は浸透圧の低いところから高いところに移動する傾向にあるので，浸透圧が低いところでは水ポテンシャルの値は高く，浸透圧の高いところでは水ポテンシャルは低い（図5·5）．純水の水ポテンシャルをゼロとすると，溶液の水ポテンシャルの値はそれよりも小さい値となるので，マイナスの値をもち，浸透圧の値にマイナスをつけたものに等しい．

根による吸水，根から葉への蒸散流，細胞の吸水成長など，水の移動は水ポテンシャルで説明することができる．たとえば，細胞の吸収成長の式は吸水力（S）＝浸透圧（π）－膨圧（p）であるが，水ポテンシャルで表わすと $\psi = \psi\pi + \psi p$ となる（$\psi\pi$：浸透ポテンシャル，ψp：圧ポテンシャル）．なお，土や繊維などマトリックス（m）による吸着や重力（g）の影響が加わっても，それぞれのポテンシャル（ψm と ψg）の項が上式に足され，$\psi = \psi\pi + \psi p + \psi m + \psi g + \cdots$ と一次結合式の項が増えるだけで，ψ はオールマイティで便利なパラメータといえる．

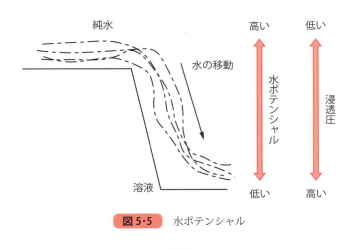

図5·5　水ポテンシャル

なお，水の化学ポテンシャルは水のモル量当りの自由エネルギー（J/mol）であり，水ポテンシャルは体積当りの自由エネルギー（J/m^3）で，これらは異なった値である．

5.2　細胞壁の構造と細胞壁伸展

5.2.1　細胞壁の意義

生物は，原核生物か真核生物か，そして運動性と栄養摂取の様式の違いに基づき，ドメイン界門綱目科属種などの階級を用いて分類する．それによると生物は原核生物である細菌（真正細菌：バクテリア）と古細菌（アーケア），そして真核生物（ユーカリア）の三つのドメインに分けられる．さらに真核生物は，原生生物界，菌界，植物界，動物界に分けられ，細菌界，古細菌界と合わせ六つの界（kingdom）に分類される．動物界を除く他の五つの界の生物はほとんどが細胞壁をもっている．すなわち，細胞壁をもつ生物は地球上で大いに繁栄しているということができる．植物は細胞壁をもつ生物の代表であり，その細胞壁は主として多糖類からなっている．原核生物の細胞壁とは構成が異なる．細胞壁をもつ生物で構成される界の生物（たとえば原生生物界に属する藻類）の中にも細胞壁を欠くものもいる．

細胞壁は細胞全体の物質代謝に組み込まれた代謝活動を行い，細胞壁成分の盛んな合成や分解が繰り返されている．細胞壁は原形質の外側を囲んでいるので，細胞壁の形は細胞の形である．植物の細胞が成長するとき細胞壁も成長する．細胞壁を取り除いた植物細胞の原形質体（プロトプラスト）は，細胞壁が再生するまで細胞分裂をしないので，細胞分裂にとって細胞壁は必要な構造である．このように，細胞壁が細胞の内部環境に影響を及ぼしていることは確実である．それに加えて，細胞壁は細胞の最外部にあるため，細胞と環境との接点である．環境の情報を細胞に伝える役割をもつと考えられる．細胞壁はまた，イオンなどに対して緩衝作用や細胞内への透過の障壁となる作用もある．表皮細胞の細胞壁表面には疎水性のワックスなどが沈着してクチクラ層をつくり，水が必要以上に蒸発することを防いでいる．

5.2.2 細胞壁の役割

植物細胞が吸水成長する場合，細胞外から吸収された水が液胞にたまり，細胞体積が増加する．しかし，液胞液がいくらでも水を吸い込み続けるわけではない．細胞による水の吸収を抑制している構造が細胞壁である．水の吸収によって細胞壁を押し広げる細胞内に生じる圧力を**膨圧**といい，細胞壁の押し返す力を**壁圧**という．膨圧と壁圧は反作用の関係にあるので大きさは等しい．したがって，細胞壁を押し広げようとする力が細胞壁の押し返す力より大きくなるので細胞壁が引き伸ばされる，という考えはまちがっている．細胞が大きくなろうとしても細胞壁が細胞の外側を取り囲んでいて，細胞が大きくなるのを制限している．細胞の吸水成長を制御しているのは細胞壁である．

植物の吸水成長は，水を吸い込む力（すなわち液胞液の浸透圧）と細胞壁のかたさ（すなわち力学的性質）のバランスによって決まる．水を吸い込む力が水を追い出そうとする膨圧より大きくなると吸水が起こり細胞壁は引き伸ばされる．

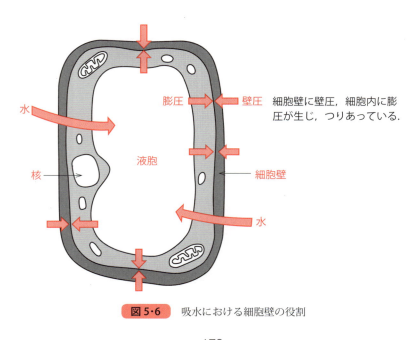

図5・6　吸水における細胞壁の役割

植物の吸水成長は浸透圧と壁圧の二つの要因によって制御されている．吸水成長が促進されるためには，浸透圧が高まるか，細胞壁が伸びやすくなるかのどちらか，あるいは両方が起こる必要がある（**図 5・6**）．

5.2.3　細胞壁の力学的性質の変化

植物ホルモンの一つであるオーキシンは吸水成長を誘導・促進するが，これはオーキシンの働きによって細胞壁が伸びやすくなることが原因である．細胞壁の伸びやすさの制御で吸水成長が調節されている．細胞壁が伸びやすくなることを**ゆるみ**（loosening）ということがある．

ゆるみは細胞壁の力学的性質の変化として観察することができる．1930 年にハイン（A. N. J. Heyn）は，オーキシンが細胞壁の力学的性質を変化させることを発見した．それ以来，いろいろな測定方法が考案され，細胞が吸水成長するときには，細胞壁の力学的性質が変化することが確かめられてきた（**図 5・7**）．

細胞壁の力学的性質は粘性や弾性などの要素を組み合わせた粘弾性モデルでシ

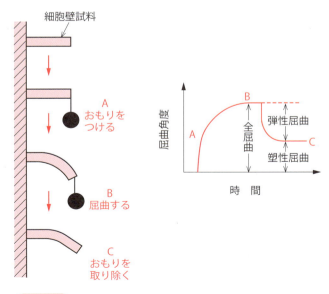

図 5・7　細胞壁の力学的性質を測定する方法の一つ，屈曲法

ミュレートできる. モデルのどの要素が吸水成長と関係があるかが議論されたが, 化学的性質との対応はまだよくわからない.

5.2.4 細胞壁の化学的性質

細胞壁は微繊維（**ミクロフィブリル**）とよばれる結晶性の繊維構造と, その繊維の間を埋めている基質（**マトリックス**）とよばれる不定形の物質からできている. ミクロフィブリルは高等植物ではセルロースからできており, マトリックスの主成分はヘミセルロースやペクチンなどの多糖類である（**図 5・8**）.

細胞壁はセルロース, ヘミセルロース, ペクチン, リグニン, およびタンパク質などからなっている. ケイ酸などの無機物を含むこともある. 細胞壁の組成は, 幼い双子葉植物の場合セルロース 30％, ヘミセルロース 30％, ペクチン 30％, タンパク質 10％, 幼い単子葉植物の場合セルロース 40％, ヘミセルロース 45％, ペクチン 5％, タンパク質 10％程度である. それぞれの物質の構成比は植物の種類や齢によって変動が大きい. ヘミセルロースやペクチンなどの多糖の分類は, 抽出の条件や溶解性の違いによるものであるが, 最近では細胞壁の組

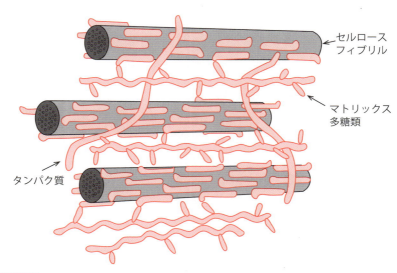

図 5・8 細胞壁の構造（B. Alberts et al., Molecular Biology of the Cell, 1983 から改変）

成を表すのにキシログルカンやアラビノキシランなど物質名が直接使用されている.

特殊化した細胞，あるいは木化した細胞では伸長成長は停止し，二次細胞壁が発達する．二次細胞壁は幼植物の細胞壁，すなわち一次細胞壁の内側に形成され，多層化構造をもつ．またリグニンが沈着する場合もある．

被子植物の一次細胞壁はその構造の差によりⅠ型（双子葉型）とⅡ型（単子葉型）に類別される．これらに対して，裸子植物やシダ植物では特有の構造も見られるが，特徴の全体像および進化との関係はまだ描かれていない．これらの被子植物および裸子植物では繊維質であるセルロースとキシラン以外にキシログルカンが多く含まれている．シダ植物さらにコケ植物などになるとマンナンが多くなる．緑藻のシャジクモには多量のセルロースが含まれているが，その他の多くの藻類ではマンナンやガラクタンという異なる多糖類が主要成分として発達している．

セルロース

グルコースが β-1,4 結合によってつながった高分子の β-(1,4)-グルカンがセルロースであり，同じ方向に並んだ分子が結晶をつくる．数 nm 以下のセルロース結晶の束は集まって直径 10〜25 nm のミクロフィブリルを形成し，細胞壁の骨格となる．このミクロフィブリルは若い茎の細胞などでは細胞の軸に対してほぼ直角に配向しており，たがをはめたようにして細胞が横方向に肥大することを抑制し，細胞が縦に伸びるようにすると考えられる．茎の細胞は縦には伸びるが横方向にはあまり肥大しない．その結果，細胞ひいては茎は横方向にはあまり肥大しないで一次元的な伸長成長をする．

ヘミセルロース性多糖

ヘミセルロースは細胞壁からアルカリ性の水溶液で抽出される多糖の総称であり，いろいろ異なった分子種を含む．単糖の組成はグルコース，ガラクトース，キシロース，アラビノース，フコースなどである．単子葉植物である穀類などの幼植物のヘミセルロースは，グルクロノアラビノキシラン，β-(1,3)(1,4)-グ

ルカン*，キシログルカンなどを含んでいる．また，双子葉の幼植物のヘミセルロースはアラビノガラクタン，キシログルカンなど，多種類の多糖を含んでいる．

植物細胞の吸水成長の制御において，重要な要因となる細胞壁のゆるみはヘミセルロースを構成している多糖の部分的な分解であると考えられている．吸水成長が盛んな細胞では，キシログルカンやβ-(1,3)(1,4)-グルカンなどヘミセルロースの分解酵素の活性が高い．

ペクチン

ガラクツロン酸などのようにカルボン酸をもつ酸性糖を主成分として含む多糖をペクチンという．酸性糖のカルボン酸はメチルエステル化されている場合が多い．ペクチンを水に溶かすと粘度の高い溶液になる．ジャムやマーマレードはペクチンの粘度の高い溶液が主成分である．ペクチンを構成している糖のカルボン酸がメチルエステル化されていないとカルシウムイオンと反応できる．カルシウムは2価であるので，異なる分子にあるカルボン酸と同時に結合して，分子間架橋をつくることができる．このようにしてペクチンはカルシウムと協働して，細胞壁の非セルロース性多糖の粘度や流動性を変化させると考えられる．メチルエステル化の程度はこの作用に影響する．すなわち，細胞壁のゆるみはペクチンの変化によっている可能性がある．また，若い細胞の細胞壁ペクチンはメチルエステル化された状態で生成されるため無機栄養塩類である金属イオン（陽イオン）をあまり吸収できないが，やがて成長とともに脱メチル化が進み，成熟した細胞壁のペクチンは重要な金属集積の場となる．植物の根の陽イオン交換能（CECと略す）が高いのもその性質による．ペクチンには水を吸って膨潤する性質がある．

リグニン

二次細胞壁が形成されてくると，細胞壁にリグニンがつくられる．リグニンはシナピルアルコール，コニフェリルアルコール，クマリルアルコールなどの共重合体であって，木材に多く含まれる．単子葉幼植物の細胞壁にもリグニン関連物

---

* これは同じグルカンでも繊維質のセルロースと全く性質が異なり結晶構造をもたず，細胞壁中にゲル状態で存在する．化学的性質は細胞質のデンプンなどに近い．

質であるフェルラ酸が含まれている．細胞壁の構成多糖に含まれるフェルラ酸二分子の間で結合が起こり，分子間の架橋をつくることがあり，細胞壁の力学的性質の変化や吸水成長の制御に関与しているという．リグニンは疎水性が高く抗菌性があり，カビや微生物が出す分解酵素の活性や菌糸の侵入を防ぐ働きをもつ．

細胞壁のタンパク質

　双子葉幼植物の細胞壁タンパク質のアミノ酸組成を調べると，細胞質のタンパク質と異なり，ヒドロキシプロリンの含量が高い．ヒドロキシプロリン含量の多い細胞壁タンパク質は，細胞壁の伸展性（エクステンシビリティー）を規定する物質という意味でエクステンシンと名づけられた．成長が停止する前後から細胞壁のヒドロキシプロリン含量は増加するので，現在ではこのタンパク質は成長を抑制する働きをもつと考えられている．なお，少量ながら AGP（アラビノガラクタンプロテイン）というプロテオグリカンも細胞壁に普遍的に存在し，一部は GPI アンカーとよばれる糖鎖によって膜に結合している．AGP は細胞の成長や分化などに機能すると考えられている．

　細胞壁，特に一次細胞壁には細胞壁のゆるみや成長促進に関係する多様な機能性のタンパク質が存在する．たとえば，細胞壁構成成分の分解や修飾にかかわる酵素としてキシログルカン分子間のつなぎ換え酵素（XTH）やヘミセルロース性グルカンの分解酵素（グルカナーゼ），ペクチンの修飾に関わるペクチンメチルエステラーゼ（PME）などが含まれている．作用対象が不明なものもあるが，細胞壁の力による変形の降伏力に関係するイールディン，セルロースとの水素結合を切ってゆるみを生じるエクスパンシンのほか，セルロース結合ドメインをもつと推定される CBD やスウォレニン（swollenin）というタンパク質も注目されている．細胞壁には他にも多種多様なタンパク質が存在している．その中には，酸化還元，抗菌作用，凍結耐性などに働く機能性の高いものが多く含まれている．

　このように細胞壁の構造とタンパク質の種類に関しての多様性が明らかになってきているが，その基幹となる物性変化や代謝調節の機構はまだよくわかっていない．細胞壁の変化は細胞成長における植物ホルモン作用やストレス応答とも密接に関連しているので実体の解明が待たれる．

5.3　植物ホルモン

5.3.1　植物ホルモンの働き

植物は移動することができないので，環境が変化してもそれに従って生きていかなくてはならない．そのためには，環境の変化をいち早く感知し，それに対応・適応しなければならない．このための調節機構に関する制御物質が**植物ホルモン**である．環境の変化によって体内の植物ホルモンのレベルは大きく変動する．植物ホルモンレベルの変動は成長や形態形成など生理現象にそれぞれ特有の影響を及ぼし，植物は環境変化に適応する．このように，環境の変化に対応する成長速度の調節や，形態形成のパターン変更などに植物ホルモンは重要な働きをもっている．

5.3.2　植物ホルモンとは

植物ホルモンは，当初は動物のホルモンと同じ意味でホルモンと定義された．動物におけるホルモンの定義は，生体の外部あるいは内部に起こった情報に対応して特定の器官（分泌器官）で生産され，体液中に分泌され，そのホルモンが作用する特定の器官（標的器官）へ移動して，そこで働くというものである．栄養分などとは違って，ホルモンの体液中の濃度や作用をもたらす濃度は極めて低い．初めて発見された植物ホルモン，オーキシンが，オートムギ幼葉鞘の先端部でつくられて下に向かって移動し，伸長部域で働くというように，動物のホルモンの定義に似た働き方をしているので，植物ホルモンと名づけられた．

いろいろな植物ホルモンが見いだされると，特定の器官でつくられたり，特定の器官に働きかけたりすることが，必ずしも植物ホルモンの性質と考えられなくなった．また，植物ホルモンはただ一つの生理作用を示すのではなくて，植物の器官の種類や齢によって異なった広い作用性をもち，動物のホルモンと著しく異なる．現在では植物ホルモンという語は，成長物質，成長調節物質，生理活性物質，あるいは情報伝達物質とほぼ同義語となっている．

今日では植物の生理活性物質が数多く発見されているが，オーキシン，ジベレリン，サイトカイニン，エチレン，アブシシン酸の5種類の物質（物質群）に加

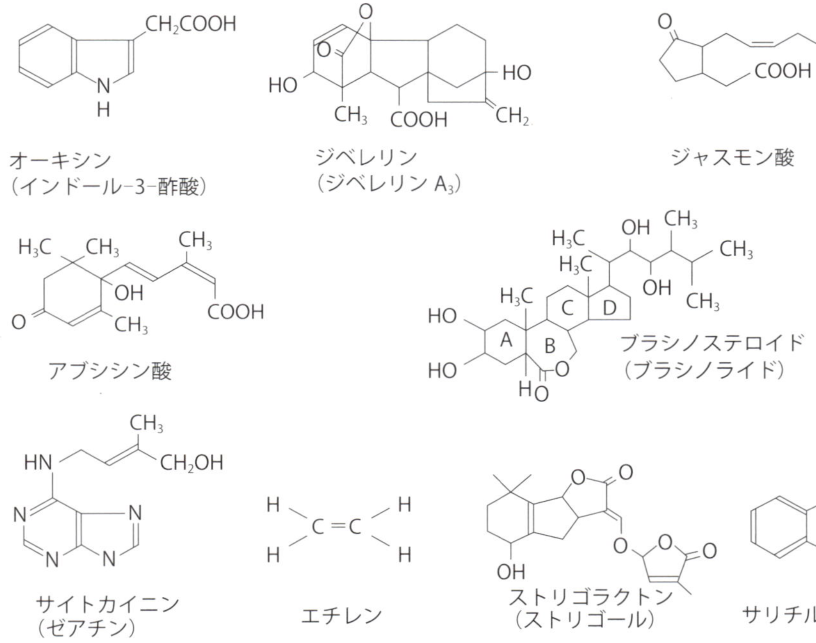

オーキシン
（インドール-3-酢酸）

ジベレリン
（ジベレリン A_3）

ジャスモン酸

アブシシン酸

ブラシノステロイド
（ブラシノライド）

サイトカイニン
（ゼアチン）

エチレン

ストリゴラクトン
（ストリゴール）

サリチル酸

図 5・9 植物ホルモン類

え，ブラシノステロイド，ジャスモン酸，ストリゴラクトン，サリチル酸の 4 種類，合わせて九つの物質群を植物ホルモンとよぶことができる（**図 5・9**）．そして，まだ物質としては単離されていないが，フロリゲン（花成ホルモン），癒傷ホルモンなどが植物ホルモンとして存在すると考えられる．さらに，近年，比較的短鎖の分泌型ペプチドの中に全身的な防御反応や細胞増殖などに関わるものが存在することが明らかにされ，これらを総称してペプチドホルモンとよぶようになってきている．

5.3.3 オーキシン

　進化論で有名なダーウィン（C. Darwin）と息子のフランシス（F. Darwin）は，植物の芽生えに横の方向から光を与えると光の方向に屈曲が起こる現象（光屈性）について研究を行い，この成果を 1880 年に「植物の運動力（The Power of

Movement in Plants)」として出版した．これが植物ホルモンに関する最初の研究であった．彼らは，カナリアソウの幼葉鞘の先端をスズ箔で覆うと，それよりも基部に位置する伸長部域での屈曲が起こらなくなることから，何らかの刺激が先端部から基部の方向に伝えられると考えた．その後，ボイセン・イエンセン（P. Boysen Jensen）らは，オートムギの幼葉鞘を対象に水を通さない雲母片と水を通すゼラチンを用いた巧みな実験によって，刺激が光に応答して先端から下方に輸送されることを示唆した．

　1928年，オランダのウトレヒト大学でウェント（F. W. Went）は，成長促進する刺激が物質であることを証明した．オートムギの幼葉鞘の先端部を切り取って寒天のブロックに置いておく．先端部分を切り取られた幼葉鞘は成長を停止してしまうが，先端部を置いてあった寒天のブロックをオートムギの幼葉鞘の先端部分を切り取った所に載せると，幼葉鞘の成長が回復する（図5・10）．すなわち，寒天のブロックが植物の成長を促進する物質を含むことがわかる．

　1931年，ウトレヒト大学のケーグル（F. Kögl）らは，製薬会社から手にいれた人間の尿から植物の成長を促進する物質を抽出し，成長を意味するギリシア語にちなんでオーキシンとよんだ．さらに分析し二つの物質を分離しオーキシンa, bと名付けた．現在，これらの化学構造は誤っていたことがわかっている．その後，彼らは1934年，人尿から新たなオーキシン（当初，ヘテロオーキシンと名付けられた）を単離し，その構造がインドール酢酸（IAA）であることも明らかにした．さらにインドール酢酸は酵母やカビからも検出された．インドール酢酸は1946年，ハーゲンシュミット（A. J. Haagen-Smit）によって植物からも発見され，これが植物が生産する主要な天然のオーキシンであることが確認されている．弱いオーキシン活性をもつフェニール酢酸や4-クロロインドール酢酸，インドール酪酸などが植物から見いだされているが，これらが植物の体内で生理的にオーキシンとして働いているかについての証拠は明らかではない．

　インドール酢酸（IAA）と同様のオーキシン活性をもつ合成物質，たとえば，2, 4-ジクロロフェノキシ酢酸（2, 4-D）やα-ナフタレン酢酸（NAA）は，除草剤や発根剤などとして農業上の目的のみならず組織培養やホルモン作用の研究に広く用いられている．ベトナム戦争での枯葉作戦で使用され，発ガン性があると

5.3 植物ホルモン

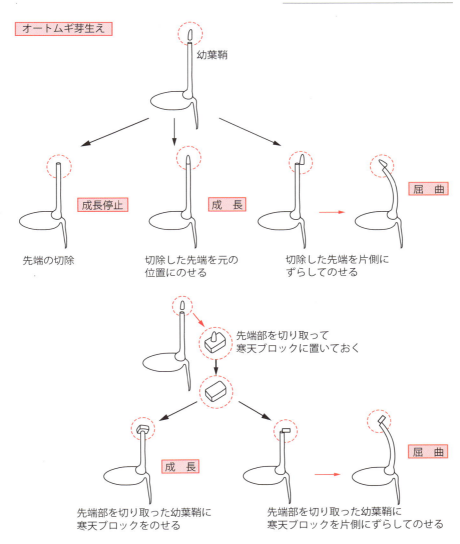

図5・10 成長における先端部の役割

いうことで問題となった2, 4, 5-トリクロロフェノキシ酢酸 (2, 4, 5-T) も高い活性をもつオーキシンである．発ガン性は不純物として含まれるダイオキシンによると考えられている．

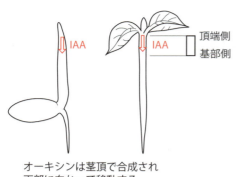
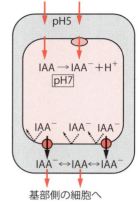

オーキシンは茎頂で合成され下部に向かって移動する．

放射性オーキシンを頂端部から取り込ませると基部側受容寒天片に移動するが，基部側から取り込ませた場合には，頂端側に移動しない．

オーキシンの極性移動経路にある細胞の下側の細胞膜にはオーキシン（IAA⁻）を能動的に送り出す輸送体（●）が存在する．

図 5・11 オーキシンの極性移動とその分子機構

オーキシン，IAA は，茎頂で合成され下部に向かって（求底的に）移動する．これを，オーキシンの**極性移動**といい，オーキシンに特徴的な移動でオーキシンの生理作用と深くかかわっている（**図 5・11**）．オーキシンの極性移動の通路は導管や師管ではなく柔組織細胞であり，その輸送は輸送体を介した化学浸透モデルで説明される．弱酸（解離定数：pKa は 4.75）である IAA は，細胞壁中（pH5 付近）では，約半分が電荷をもたない中性分子，残りは負電荷をもつ分子として存在する．電荷をもたない IAA 分子は細胞膜を拡散によって，イオン化した分子（IAA⁻）は水素イオンと共に輸送体によって細胞内へ取り込まれる．取り込まれたすべての IAA は細胞質内の pH 環境（約 pH7）で負にイオン化する．オーキシンの極性移動経路にある細胞の下側の細胞膜にオーキシンを能動的に送り出す輸送体（キャリヤータンパク質）が存在するため，送り出されたオーキシンは次

の細胞へ受動的に取り込まれる．この結果，オーキシンは茎などの器官内を極性移動する．オーキシンの細胞内からの排出にかかわる輸送体として PIN タンパク質群と ATP 結合カセットタンパク質類 B（ABCB），そして細胞内への取込みにかかわる共輸送体として AUX1 タンパク質の存在が明らかになっている．オーキシンの極性移動はナフチルフタラミン酸（NPA）や 2, 3, 5‐トリヨード安息香酸（TIBA）処理によって阻害することができる．オーキシンは極性移動以外の経路でも移動する．

オーキシンの合成と代謝

オーキシンは寒天片などに拡散させて集めることができ，頂芽や花芽から多量の拡散性オーキシンが得られる．このように，オーキシンの合成の場所は頂芽や花芽である．インドール酢酸（IAA）はアミノ酸の一つであるトリプトファンからつくられる．トレーサー実験や生化学実験からこのトリプトファン依存的経路として，インドールピルビン酸（IPA 経路），トリプタミン（TAM 経路），インドールアセトアルドキシム（IAOx 経路），インドールアセトアミド（IAM 経路）を鍵中間体とする経路が提唱されてきたが，今なお不明な点が多い（**図 5・12**）．IPA 経路が最もよくみられる経路で，トリプトファンはアミノ基転移反応で脱アミノされてインドールピルビン酸（IPA）になり，つづいて脱炭酸を受けてインドールアセトアルデヒドになり，そして，さらに酸化されて IAA になる．最近，オーキシンを過剰に生産する突然変異体の解析から，フラビン含有モノオキシゲナーゼ様タンパク質 YUCCA（YUC）が IPA を直接 IAA に変換する役割を果たしていることも示されている．トリプトファンが脱炭酸を受けてトリプタミンとなり，酸化，脱アミノ反応ののちにインドールアセトアルデヒド（IAAld）となる経路や，アブラナ科植物にはシトクローム P450 モノオキシゲナーゼの働きでトリプトファンから合成される IAOx を中間体とする経路が存在するとされる．トリプトファンを経由しない経路も示唆されているが詳細は不明である．このように IAA 生合成には複数の経路が存在するので植物がオーキシンを欠乏することはない．これは植物の発生でオーキシンが必須の役割を果たしていることによるためであろう．また，植物にクラウンゴールを形成する土壌細菌アグロバクテ

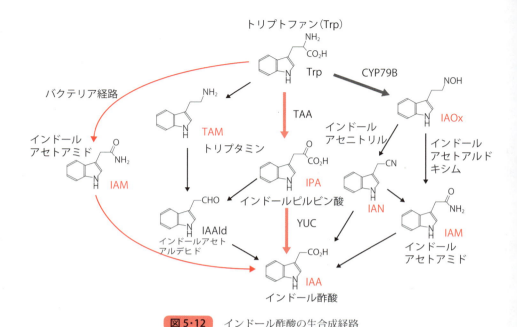

図5・12 インドール酢酸の生合成経路

リウムは，プラスミド中のオーキシン合成遺伝子の働きによりIAMを経由してIAAを合成する（バクテリア経路）．

　IAAはIAA酸化酵素によって酸化的に分解する．この酵素はある種の過酸化酵素（ペルオキシダーゼ）と考えられており，IAA濃度が高いときなどには濃度の調節に関与していると思われる．また，IAAはアミノ酸であるアラニン，ロイシンやアスパラギン酸，そして糖であるイノシトールやグルコースと結合物をつくり，過剰のIAAの解毒および貯蔵がおこなわれる．

オーキシンの生理作用

　オーキシンの不等分布によって幼葉鞘のような器官の部分によって成長の速さが異なり屈曲する．このように器官で，部分によって速さが異なるような成長をすでにのべたように**偏差成長**とよぶ（**図5・13**）．光屈性や重力屈性での屈曲もこの偏差成長で説明されている．IAAの生物検定法の代表的なものは，偏差成長を利用したオートムギの幼葉鞘の屈曲を用いるアベナ屈曲テストである．アベナ

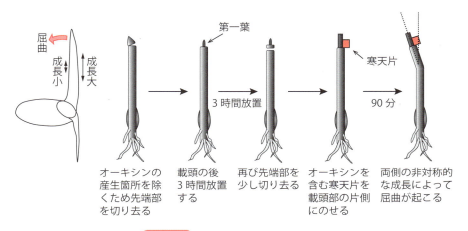

図 5・13　偏差成長とアベナ屈曲試験

はオートムギの学名（属名）である．オーキシンを含む寒天の小片をオートムギ幼葉鞘の先端部を切り取り，これを切り口に片寄せて置き，一定時間後に幼葉鞘の屈曲を測定する．オートムギの幼葉鞘の切片を，オーキシンを含んだ溶液につけて切片の伸長を測る検定法もある．ある濃度範囲ではオーキシン濃度と屈曲との間には直線的な関係があり，伸長とはオーキシン濃度の対数と直線関係にある．このような投与量作用関係は，オーキシンが細胞の何れかの場所にある受容体と可逆的に結合することで働くとするとうまく説明できる．この受容体と競争的に結合してオーキシンの作用を阻害する物質を抗オーキシンとよび，2,4,6-トリクロロフェノキシ酢酸（2,4,6-T），p-クロロフェノキシイソ酪酸（PCIB）などの物質がある．

　伸長測定が検定法になるということでわかるように，オーキシンの基本的な作用は植物の伸長成長を促進することである．この成長は細胞が吸水することによって起こるので，吸水成長ともよばれている．オーキシンの働きによる細胞壁のゆるみをとおして，細胞の吸水力が高まることによって起こる．幼植物の茎のような器官における吸水成長では，オーキシンは表層部分にある細胞の細胞壁のゆるみを引き起こすが，内部組織の吸水成長はほとんど促進しない．

そのほかにオーキシンは，植物の細胞，組織，器官の成長，分化に対していろいろな作用を及ぼす．たとえば，屈性の制御，維管束の分化，器官脱離の阻害，果実の成長促進，発根の促進，花芽形成の促進，癒傷組織またはカルスの形成促進，頂芽優勢（側芽の成長抑制）などの作用がある．器官脱離の阻害についていえば，成熟した葉の脱離はオーキシンで阻害されるが，若い果実では促進されるなど作用は一様ではない．果実の成長促進を利用して，トマト，イチゴ，キュウリ，柑橘類などでは単為結実させることができる．このようにオーキシンの作用は広い．しかし，高濃度のオーキシンの作用は，オーキシンにより合成が促進されるエチレンの作用であるものが多い．また，頂芽優勢もオーキシンが直接に側芽に働きかける作用ではない．

∥ 酸成長説

オーキシンが細胞の伸長成長を促進する機構を説明する説として酸成長説がある．低い pH 溶液に植物の器官切片を浮かべると，細胞壁は酸性化されて細胞壁がゆるみ，伸長成長が引き起こされる．酸成長説によるとオーキシンは細胞膜にある ATP 分解酵素に働きかけ，水素イオンを細胞内から細胞壁に放出させる．細胞壁が酸性化すると細胞壁分解酵素の活性化が起こり，細胞壁のゆるみがもたらされる．実際に，植物の器官切片を水に浮かべておいて，そこにオーキシンを与えると水の pH が低下する．オーキシンの働きによって水素イオンが細胞の外に放出されたためである．放出された

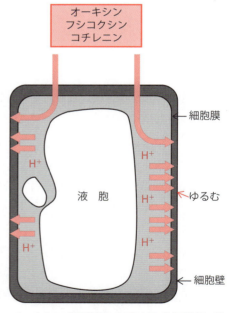

オーキシンが細胞膜にある ATP 分解酵素に働きかけて水素イオン（H^+）が細胞壁に放出される．細胞壁は水素イオンの働きでゆるみ，成長が引き起こされる．

図 5・14 酸成長

水素イオンとの共輸送によって細胞外からの物質の取込みが促進される.

オーキシン以外にも,水素イオンの放出を促進する物質が見いだされている.植物に病気を起こさせるカビなどから抽出されたフシコクシンや,コチレニンなどである.これらの物質は植物の細胞に働きかけて細胞壁への水素イオンの放出を著しく促進して,成長促進に加えていろいろな生理現象を引き起こす(**図5・14**).

5.3.4 ジベレリン

ジベレリンは日本において発見された植物ホルモンである.水田に植えられたイネの葉が黄緑色で細長く徒長し,やがて倒伏してしまい,うまく米が実らない馬鹿苗病というイネの病気がある.1926年にこれがイネに寄生するイネ馬鹿苗病菌(カビの一種)のつくる物質によることが黒沢英一によって明らかにされ,1938年に薮田貞治郎と住木諭介によって結晶として抽出され,ジベレリンAおよびBと命名された(**図5・15**).第二次世界大戦後,日本でのジベレリン研究が世界に紹介され,アメリカ,イギリスなどにおいて研究が開始された.アメリカではその菌の大量培養によってジベレリンが得られるようになった.日本では,東京大学の高橋信孝らを中心としてジベレリンの化学的研究は急速に進んだ.高橋らは最初に薮田と住木によって得られたジベレリンが三つのジベレリンの混合物であることを明らかにし,それをジベレリン A_1,A_2,A_3 と名付けた.当初,ジベレリンはカビのつくる植物生理活性物質であると考えられていたが,1958年イギリスのマックミラン(J. MacMillan)とスーター(P. J. Suter)によって,ジベレリン A_1 がベニバナインゲンの未熟種子から発見された.高等植物に加えてシダなどの下等植物にもジベレリン様物質が検出されている.次々に単離・同定された類縁化合物が,いずれも ent-ジベレラン骨格を有したことから,現在では,由来する生物を問わずこの骨格をもつ天然化合物をジベレリンと定義している.その結果,現在植物に由来するジベレリンは,120種類を超え,それに微生物に由来するジベレリンが加わる.異なるジベレリンは発見された順番に,ジベレリンAに番号を付けて区別し,GA_1,GA_2・・・などと書く.

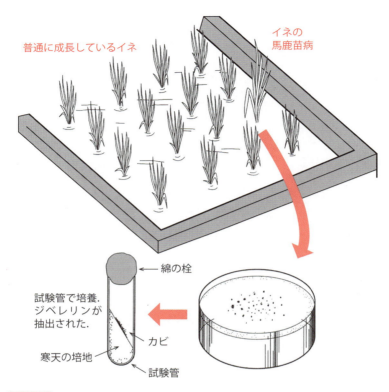

図 5・15 イネの馬鹿苗病から分離されたジベレリン生産菌（*Gibberella fujikuroi*）

ジベレリンの生合成

　ジベレリンは，テルペノイド（五炭素化合物であるイソプレンユニットを構成単位とする一群の天然物化合物）の一種である．植物には二つのイソプレン合成経路がある．一つは細胞質基質中で（アセチル CoA からつくられる）メバロン酸（MVA）を経るメバロン酸経路で，他方は色素体中で（ピルビン酸とグリセリン酸三リン酸からつくられる）メチルエリスリトールリン酸を経るメチルエリスリトールリン酸経路である．ジベレリンは従来，メバロン酸経路で作られると考えられてきたが，ent-カウレンの生合成に関わる酵素が色素体に局在することから主にメチルエリスリトールリン酸経路で合成されるようである．
　ent-カウレンは炭素が 6 個環状につながった 6 員環が三つと，炭素原子 5 個

が環状につながった5員環一つからなる化学構造をもっている．ジベレリンになるためには，6員環二つと5員環二つのent-ジベレラン骨格をもつ必要があり，ent-カウレンの二番目の6員環が，5員環になる反応が重要である．この反応で生ずるジベレリン A_{12}（GA_{12}）がすべてのジベレリン前駆体である（**図5・16**）．これらの一連の反応は小胞体膜上で進行する．

GA_{12} は小胞体から細胞質に移動し，ジベレラン骨格の13位に水酸基がついた

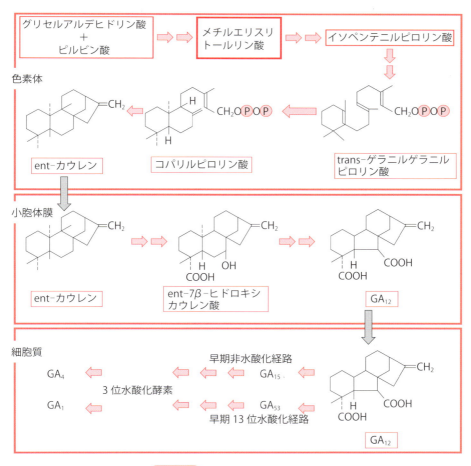

図5・16 ジベレリンの生合成経路

GA_{53} とつかない GA_{15} の二つの経路に分かれる．両経路ではパラレルに，GA_{20} 酸化酵素と GA_3 酸化酵素の働きにより，順次20位と3位の炭素が水酸化されていく．GA_{53} 経路をもつトウモロコシなどの植物では最終的には GA_1 ができる．一方，GA_{15} 経路からは GA_4 ができる．これらが活性をもついわば本物のジベレリンである．活性型の GA_1 と GA_4 は，シグナル分子としての役目を終えると2位の炭素が水酸化されて，不活性型となる．不活性化過程も細胞内シグナル分子の濃度を調整する重要な過程である．

トウモロコシには d_1，d_2，d_3，d_5，シロイヌナズナでは ga_1，ga_2，ga_3，ga_4 などと名付けられた矮性の変異体がある．これらのいろいろな変異体ではジベレリ

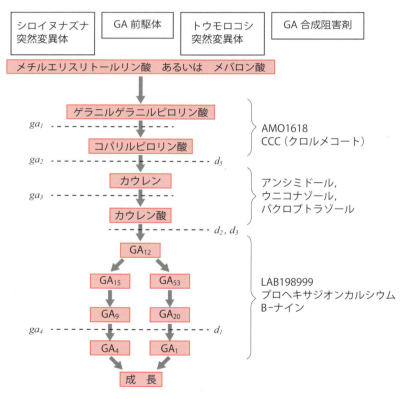

図 5・17 ジベレリン生合成系，矮性変異と合成阻害剤の作用点

5.3 植物ホルモン

ン合成のいろいろなステップがブロックされている（図 5・17）．これらの変異体はジベレリン合成能を欠いているので，外からジベレリンを与えると正常な成長を示す．

植物から見いだされているジベレリンは，すべてが高いジベレリン活性をもっているわけではない．外から植物に与えると活性のあるジベレリンに変換されるので，活性を示すと考えられるものもある．ent-カウレンは，ジベレリンの前駆体であるが，弱いジベレリン活性をもつ場合がある．発見されているジベレリンでも代謝経路の産物で活性のない物質がある．また，微生物から抽出されている活性の高い GA_3 は植物によっては GA_{20} からつくられる．植物から多種類のジベレリンが発見されていることから，植物の種類によって異なったジベレリン合成経路をもっているらしい．

ジベレリンの生合成を阻害する物質が知られている．AMO1618，CCC，アンシミドール，ウニコナゾール，パクロブトラゾール，プロヘキサジオンカルシウムなどがある（図 5・17）．このような物質を植物に与えるとジベレリンの生合成が阻害され，そのために背丈の短い植物を生じ，園芸的に利用されている．

ジベレリンの生理作用

外から与えたオーキシンは，切り出した植物の器官に与えたときだけ伸長成長の促進作用が見られる．外からジベレリンを与えるとある種の植物では成長が促進される．ジベレリンは，無傷の植物に作用を示すところがオーキシンの作用と異なる．切り出した茎などの器官切片では，ジベレリンは単独で伸長成長をほとんど促進せず，オーキシンの共存が必要である．このことから，ジベレリンの伸長成長促進作用はオーキシンの作用を介して現れると考えられる．切り出した器官切片の伸長をジベレリンが単独で促進する例も知られており，ジベレリンの作用はさらに検討を必要とする．ジベレリンの伸長成長促進作用を説明するものとして，ジベレリンによって植物細胞の浸透圧が高められ，吸水力が増加するためであるという説がある．ほかにも，細胞壁のセルロースのミクロフィブリルの配向が変えられるためであるとする説や細胞壁物性に関わるエクスパンシンやエンド型キシログルカン転移酵素／加水分解酵素などの遺伝子発現の促進によるとい

う説などがある．

　矮性の植物にジベレリンを与えると成長が著しく促進され，正常種と同じ程度まで伸びるものがある．アメリカのフィニー（B. O. Phinney）は第二次世界大戦後アメリカにおいて，馬鹿苗病菌の培養から得られるようになったジベレリンを用いて，

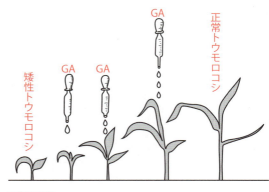

図5·18　矮性トウモロコシにジベレリン（GA）を与えると成長が促進されるようす

矮性トウモロコシがジベレリンによって正常種と同じくらいまでに著しく背丈が伸びることを見い出した（**図 5·18**）．矮性植物の多くはジベレリンの生合成系に欠損があって，うまくジベレリンをつくれない．そこへ，外からジベレリンを与えると成長が正常となるのである．ジベレリンを与えてもほとんど成長が回復しないジベレリン非感受性の矮性植物もある．ジベレリンの受容体の変異などによってジベレリンが存在しても働かないなどが考えられ，すべての矮性がジベレリンの生合成系の欠損によっているわけではない．

　オオムギなどの種子が発芽する際，胚乳のデンプンがα-アミラーゼによって分解され，分解産物であるマルトースやグルコースが胚によって利用される．このときのアミラーゼは胚から供給されるジベレリンがデンプン性胚乳を取り囲んでいる胚乳の糊粉層細胞に働きかけて合成されたものである（**図 5·19**）．この糊粉層においてジベレリンがα-アミラーゼ合成を誘導する現象は1960年，四方治五郎によって発見された．オオムギの種子を半分に割って胚のついている半分と，胚のない半分に分ける．それらの胚を，別々に培養すると胚のついている半分ではアミラーゼが合成される．胚のついていない半分ではジベレリンを与えるとアミラーゼをつくるが，そうでないと酵素をつくらない．このことから，胚乳のアミラーゼはジベレリンの働きによって合成が誘導されていることがわかる．ビール醸造の際の麦芽の製造はこの過程を利用している．

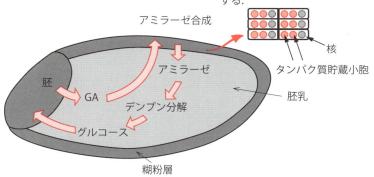

図 5·19 オオムギ胚乳のデンプン分解に果たすジベレリン（GA）の働き

　胚乳を持たない多くの植物の種子でもジベレリンによって発芽促進される．これはジベレリンの作用で合成が促進されるグルタミン合成酵素の働きによる．固い種皮をもつレタスなどの種子にジベレリンを与えると，この酵素の活性が増加しグルタミンが合成される．グルタミンは種子の浸透圧を上げ吸水力を高め，種子は種皮を突きやぶる力を得て発芽が起こる．

　そのほかにも，いろいろな植物においてジベレリンが多糖，タンパク質，核酸などを加水分解する酵素の合成を促進し，そのような酵素の活性を高める．また，ジベレリンは果実の着果や成熟を促進する．通常，受粉後，受精が成立すると胚が発生して種子を形成するとともに胚がオーキシンを供給して子房などを肥大化させる．ブドウでは花にジベレリンを処理すると花粉の受精能力が壊されて，胚発生がないまま子房の肥大を誘導することができる（単為結実）．これを利用したのがブドウの種無し化である．

5.3.5　気体のホルモン—エチレン—

　照明はいまでこそ電気で行われているが，20世紀のはじめヨーロッパでは石炭ガスを利用したガス燈が使われていた．ガス燈のある街路の樹木やガス燈のある実験室では植物は正常な成長を示さないことがしばしば見られた．このことか

ら，ガス燈に使われていたガスに植物の成長に影響をもつ成分が含まれていると考えられた．1901年にロシアのネルジュボウ（D. Neljubov）は黄化エンドウ芽生えの茎の伸長が抑制され，横肥大し，重力屈性が異常となる異常成長の原因物質を，石炭ガスに含まれるエチレンと同定した．また，同じころ，収穫したレモンを石油ストーブで暖房して黄色く過熟されることが行われていた．そこに，石油ストーブに代えて新式のスチームを使った暖房に切り替えたところ，うまく過熟が起こせなくなってしまった．石油ストーブから生ずるエチレンが過熟の原因であることがわかった．このほかにも，気体であるエチレンが植物の成長に大きい影響をもつことが相次いで知られるようになった．このような発見の後，1934年にゲイン（Gane）らによって成熟したリンゴがエチレンを発生することが化学的に証明された．植物自身がエチレンを生成すること，エチレンが植物に劇的な効果を示すことが明らかとなり，エチレンも植物ホルモンの一つと認められるようになった．

　エチレンはいろいろな生理現象に影響を及ぼす．種子の発芽にも関与している．種子を水につけるとエチレンの生成が促進されるし，ある種の植物ではエチレンによって休眠が打破される．また，球根の休眠の打破にもエチレンが働くらしい．このほか，エチレンは茎の肥大成長を促進したり，落葉を引き起こしたりする．リンゴの箱の中で1個のリンゴが熟すると次々とほかのリンゴが熟して，みんなだめになってしまうことがある．これは，リンゴが熟するときに生成するエチレンがほかのリンゴの成熟を促進し，さらにエチレンを生成させるといった連鎖反応が起こるからである．このようなことにならないように，リンゴを長持ちさせるためには箱などには詰めないで，風通しのよい所に置いておくのがよい．このように果実の成熟の制御にもエチレンが大きな役割を果たしている．

エチレンの生合成

　植物はエチレンをアミノ酸の一つであるメチオニンから好気的に合成する．メチオニンはATPと反応して活性化メチオニンといえるS-アデノシルメチオニン（SAM）となり，つづいてメチオニンの炭素原子4個部分に閉環が起こって1-アミノシクロプロパン-1-カルボン酸（ACC）ができる．ACCから二酸化炭素，

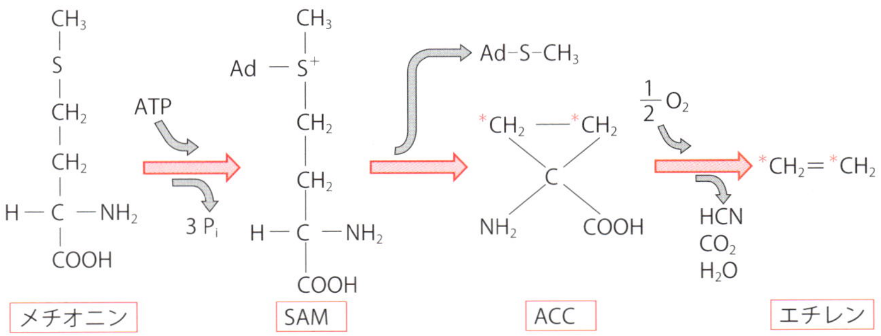

図 5・20　メチオニンを基質とするエチレンの生合成経路

アンモニア，青酸とともにエチレンができることがカリフォルニア大学のヤン (S. F. Yang) らによって明らかにされた．これらの過程は，ACC 合成酵素と ACC 酸化酵素によって触媒されるが，しかし，ACC を植物に与えると容易にエチレンになり，多量のエチレンが放出される．ACC 合成酵素が最終産物のエチレンの生成を制御している律速酵素であると考えられている（**図 5・20**）．

エチレンの生成はほかの植物ホルモンによっても調節されている．とくに，高濃度のオーキシンを植物に与えると著しくエチレンの生成が促進される．これはオーキシンが SAM からの ACC 合成を促進するからである．このエチレン生成はサイトカイニンが共存するとさらに相乗的に促進されるが，アブシシン酸によって阻害を受ける．

また，植物の組織に傷害やストレスを加えるとエチレンの生成が増加する．エチレンには組織の癒傷作用や抗ストレス作用に関係した働きがある．

果実の後熟

果実は収穫してからあとでやわらかく熟するものがある．このような成熟を**後熟**とよぶ．果実の後熟の時期には呼吸速度が著しく高まる．この現象を**クリマクテリック**とよぶ．クリマクテリックは人間の場合には更年期という意味もある．果実にとってクリマクテリックは成熟の過程であって，各種の酵素活性が高まって果実がやわらかくなる．アボカド，バナナ，リンゴ，メロン，カキなどのクリ

未熟なバナナ状態での輸送・陸揚げ　　リンゴ輸送におけるエチレン吸収剤の働き

寒過ぎない温度でバナナを眠らせて輸送

リンゴ輸送にはエチレン吸収剤が重要な働きをしている

追熟加工（温度・エチレン処理）

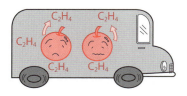

温度を上げてバナナを起こし，エチレン処理する

バナナは自らエチレンと二酸化炭素を放出するようになり，追熟を開始する

エチレンがたまってリンゴの過熟が起こる

図 5·21　エチレン作用を利用した果実の追熟・保存

クリマクテリックをもつ種類の未熟の果実にエチレンを投与すると呼吸が高まってクリマクテリックの到来が早まる．すなわち，エチレン処理がクリマクテリックを引き起こす．自然状態でもクリマクテリックの前にエチレンの生成が高まる．しかし，植物の種類によっては果実の成熟過程で，とくに大きな呼吸の増加が見られないものもある．オレンジ，レモン，サクランボなどがこれに入る．このような果実でもエチレンの処理によっていくらか呼吸の増加が起こり，果実の成熟が早まる．いずれにしても，果実は自分自身でエチレンを生成して成熟する．果実の輸送にはエチレンの吸収剤を用いて成熟を遅らせ，これによって果実の長距離輸送ができるようになった（**図 5·21**）．バナナの場合には，輸入した未熟な緑熟期の果実にエチレンを処理して成熟を促進させた後に出荷している．このように，エチレンは果実の成熟を制御するホルモンであるが，このホルモンはその他にも多様な生理作用をもっている．

エチレンの生理作用

暗所で育てた黄化エンドウの芽生えにエチレンを与えると，茎の伸長成長が阻害され，横方向に太る肥大成長が見られる．これに加えて，茎の正常な重力屈性が失われ，芽生えは横方向に曲がる．このように，エチレンによって伸長成長阻害，肥大成長，重力屈性異常の三つの反応が同時に起こるので，エチレンによる三重反応とよばれている．しかし，重力屈性の異常は必ずしもすべての植物で起こるとは限らない（図 5・22）．

植物の茎の伸長成長はオーキシンによって促進されるが，高濃度ではむしろ阻害的である．これは，高濃度のオーキシンによって生成が促進されるエチレンによる伸長成長阻害作用によっている．ところが，イネの幼葉鞘の成長はエチレンによって促進され，これはオーキシンの作用とは関係がない．このエチレンによる成長促進は他の水生植物にも見られる．水生植物が水没すると水没によるストレスによってエチレンの生成とそれによる成長が促進され，植物は水没からまぬがれる．

エチレンは落葉を引き起こす．このとき，エチレンの働きにより，葉柄の離層部において細胞壁を分解する酵素であるセルラーゼの活性が高まり，その部分で

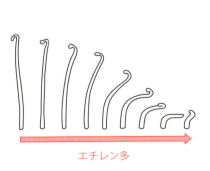

図 5・22　暗所で育てたエンドウの芽生えに対するエチレンの影響

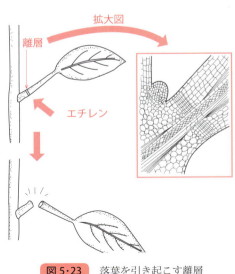

図 5・23　落葉を引き起こす離層

細胞の崩壊が起こる結果,葉が切り放されて落葉する.この現象は,エチレンの発見のきっかけとなったできごとの一つであって,ヨーロッパでのガス燈からのガス漏れが街路樹の落葉を起こしたことをうまく説明している(**図5・23**).

このほかにも,不定根形成の誘導,花弁の老化と萎凋,葉の上偏成長,細胞分裂の阻害やオーキシンの極性移動の阻害など,エチレンの作用は多様であるが,これらの異なった作用もその現象がエチレンによって影響されるときのエチレンの濃度範囲がほぼ同じであることなどから,初期過程は同一である可能性が高い.

5.3.6 サイトカイニン

オーキシンやジベレリンは細胞の伸長成長を促進する物質として発見されたが,細胞の分裂を促進する物質も検索されていた.この細胞分裂促進物質の概念は,ジャガイモ維管束組織中に塊茎の傷口の細胞分裂を引き起こす水溶性物質が存在することを示したドイツのハーバーラント(G. Harberlandt)の研究に端を発する.植物の組織培養液中にココナツミルクを加えると細胞分裂が促進されてカルスの増殖が起こることが知られて以来,ココナツミルクに含まれる細胞分裂促進物質を抽出する努力がされてきた.アメリカのスクーグ(F. Skoog)らは古いDNA標品がカルスの増殖を引き起こすことを発見した.彼らは新しいDNAを加圧加熱して人工的に古いDNAをつくり,活性物質としてその中に含まれるアデニンの誘導体であるカイネチンを抽出した.その後,このカイネチンと同様の作用をもつアデニン誘導体を総称して**サイトカイニン**とよぶようになった.カイネチンは植物からは発見されてはおらず,人工的に合成したサイトカイニンの一つである.ジフェニル尿素やピリジルフエニル尿素はアデニンの誘導体ではないが,カイネチンと同様の生理作用を示す.このような物質をサイトカイニンに入れるのかどうかについては,サイトカイニンの定義をさらに検討する必要がある.

1964年リーサム(D. Letham)らが,トウモロコシの未熟種子からカイネチンと同様の作用をもつアデニン誘導体を発見し,トウモロコシの学名(属名 *Zea*)をとってゼアチンと名付けた.ゼアチンはその後いろいろな植物からも見いだされ,植物自分自身がサイトカイニンをつくり出すことが明らかとなった.このこ

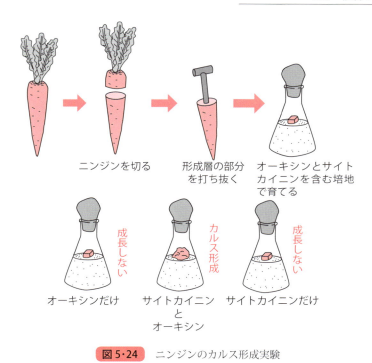

図 5・24 ニンジンのカルス形成実験

とから，サイトカイニンは植物ホルモンの仲間に入れられた．

切り出した植物の部分を適当な濃度のオーキシンとサイトカイニンを含む培地で培養すると細胞分裂が起こって不定形の細胞のかたまりであるカルスができる．いろいろな濃度に組合せたオーキシンとサイトカイニンを含む培地にこのカルスを移植すると，カルスのままで増殖したり，カルスから根や茎が再生したりする．このように，植物の組織の分化はオーキシンとサイトカイニンとのバランスで決まっているように見える（図 5・24）．

∥ サイトカイニンの生合成と代謝

天然に存在するサイトカイニンはゼアチンだけではない．イソペンテニルアデニンや，これらの物質がリボースと結合したリボシドもサイトカイニン活性を有する物質として植物体内に存在する．

サイトカイニンはアデニンの誘導体であることから，アデニンが修飾されることによって合成されることは明らかである．アデニンに，五炭糖であるリボースが結合してアデノシンができる．植物では主に，ジメチル二リン酸と，アデノシンからつくられたアデノシン三リン酸あるいはアデノシン二リン酸を基質とし

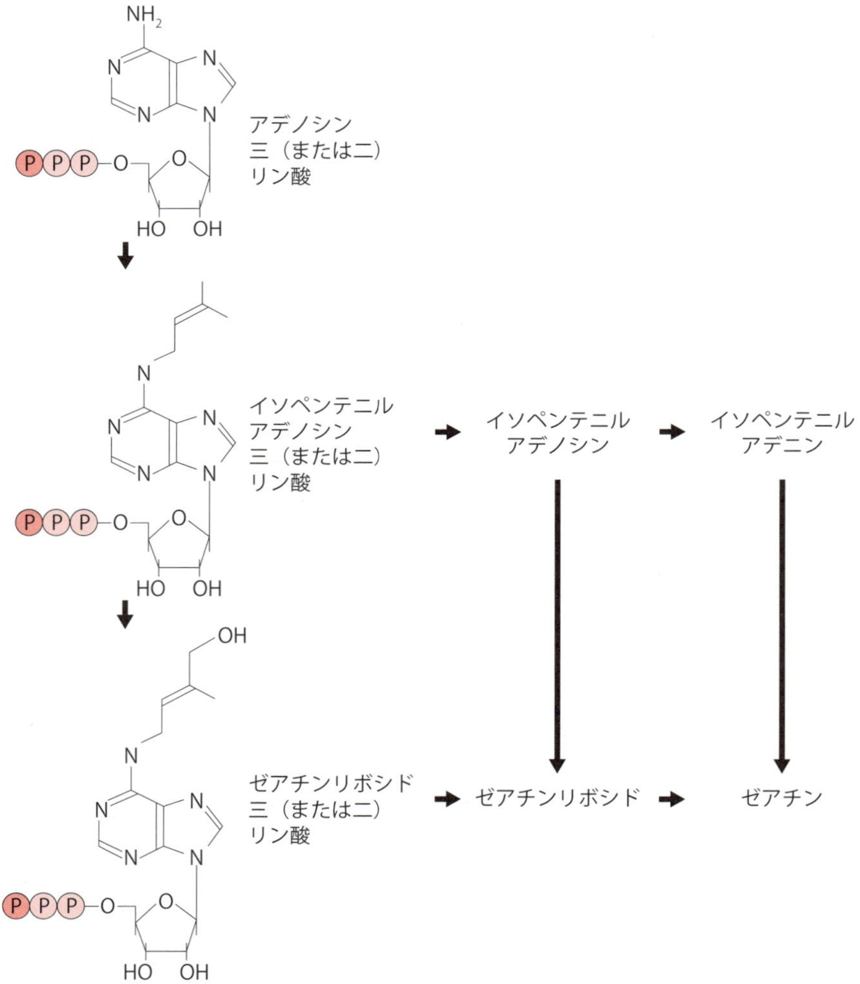

図 5·25 サイトカイニンの生合成

て，イソペンテニル基転移酵素の働きによって，アデニン部分に側鎖がついたイソペンテニルアデノシン三リン酸あるいはイソペンテニルアデノシン二リン酸になる．その後，側鎖が修飾されて，リボシルゼアチンができ，リボースがはずされてゼアチンが生成する（**図5・25**）．ゼアチンリボシドは，転移RNA（tRNA）の特定のアデニンをイソペンテニル化する酵素の働きによっても合成される．

サイトカイニンの主要な合成の場は根である．根で，合成されたサイトカイニンは維管束を通して植物の地上部に送られる．しかし，根を切断した植物の茎や葉においてもサイトカイニンは合成されることが示されている．

ゼアチンやイソペンテニルアデニンは，サイトカイニン脱水素酵素の働きにより，アデニンと側鎖に分解され，不活性化される．

▍サイトカイニンの生理作用

サイトカイニンは細胞分裂を促進するホルモンとして発見されたが，その他にも多様な生理作用を示す．葉の老化を抑制する作用や，クロロフィルの合成促進や分解の抑制によって葉の緑色をより長く維持する作用があり，さらに，気孔を開かせる作用などがある．一般的にいえば，サイトカイニンは植物を若く保たせるためのホルモンであるといえる．葉にサイトカイニンを与えると，その部分にアミノ酸などの物質が集まってくる．このように，サイトカイニンには物質の転流におけるシンク活性を高める作用がある．しかし，サイトカイニンには気孔を開かせる作用があるので蒸散が活発になり，蒸散流によって物質が運ばれてくるとも考えられる．

サイトカイニンはまた，側芽の成長を促進して頂芽優勢を打ち破ったり（**図5・26**），種子の休眠を打ち破ったりする．無傷の植物体では，茎頂から極性移動したオーキシンが何らかの機構で側芽周辺でのサイトカイニンの合成を抑制する結果，側芽の成長が進まない．最近，このオーキシンとサイトカイニンの相互作用による制御に，根から地上部に輸送される新規植物ホルモンのストリゴラクトンも関わっていることが明らかにされた．このように，サイトカイニンには休眠している芽などの抑制されていた成長を促進する働きがある．

tRNAの分子中，そのtRNAがアミノ酸を決めている構造部分，すなわちアン

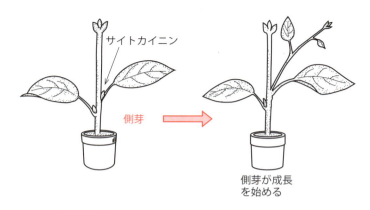

図 5・26　サイトカイニンによる側芽成長抑制の打破

チコドンの隣の位置にサイトカイニン活性をもつような構造が存在する．tRNAにサイトカイニンが含まれていることがサイトカイニンの作用と関係があると考えられたことがある．しかし，活性の高いサイトカイニンであっても，tRNAに取り込まれないものもあり，また，このtRNA分子中のサイトカイニンと同様の構造は植物のみならず酵母や動物にも見いだされているなど，tRNAがサイトカイニンの働きとは必ずしも密接に関係しているとは考えられない．

5.3.7　分化全能性

　切り出した植物の部分を適当な濃度のオーキシンとサイトカイニンを含む培地で培養すると細胞分裂がおこって不定形の細胞のかたまりであるカルスができる．カルスの細胞は未分化で，そのままの状態で，成長をつづけ大きなかたまりになる．かたまりの一部分を切り出して新しい培地に植えてもそのかたまりは大きなかたまりへとさらに成長をつづける．

　カルスをいろいろな濃度に組合せたオーキシンとサイトカイニンを含む培地に移植すると，カルスのまま増殖したり，カルスから根や茎葉が再生したりする．再生した器官を培養すればもとの植物と同じ植物体にまでなる．一般にはオーキシンの割合が多いと根が分化してくる．それに対して，サイトカイニンの割合が多いと茎葉が分化してくる．植物細胞の分化はオーキシンとサイトカイニンとの

バランスで決まっているように見える.

　カルス細胞から植物体が再生するとき，カルスから植物体が再生・分化するパターンは受精卵が発生をはじめるのとよく似ている．一つの細胞が細胞分裂しながらいろいろな器官に分化して植物の個体にまで成長する．すなわち，細胞一つから個体全部の体制をつくることができる．植物細胞は受精卵と同じだけの発現可能な遺伝情報をもっていることになる．このような，植物細胞の能力を**分化全能性**（全形成能）とよぶ．カルスの細胞をバラバラにして液体培地で培養すると，細菌や酵母の培養と同様な方法が適用できる．すなわち，一つの細胞から由来した遺伝的に同質の細胞群や植物体を多量につくることができる．そのような方法によれば，有用物質をつくる植物から，細胞や植物体を，ひいてはその物質を均質に大量に生産することも可能である.

　植物細胞は細胞壁をもっている．植物細胞から細胞壁を取り除くとプロトプラストが得られる．プロトプラストをある条件で培養すると細胞壁が再生して，細胞分裂をはじめる．培養をつづければ植物個体にまで成長する．この方法を利用すると細胞壁をもった細胞には施すことが容易でなかった手段，たとえば，物質を細胞内に注入したり，別の植物のプロトプラストと融合させて植物の雑種をつくったりすることができる．細胞融合によってポテトとトマトからポマトやトパトという雑種がつくられた.

　花粉母細胞などを適当な培地で培養することによってもカルスが得られる．このカルスから再分化によって染色体の少ない半数体の植物個体ができる．半数体の植物では一組の染色体しかもたないので遺伝的に劣性形質であっても形質として発現する．これを利用すれば作物や園芸植物の育種や植物の遺伝学にとって有益な突然変異を容易に検出することができる.

5.3.8　アブシシン酸

　アメリカでは栽培されていたワタが開花後未熟のままで落花するのに困って，この現象の原因を突き止めることが研究されていた．この研究の中で，アディコット（F. T. Addicott）と大熊和彦はワタの未熟種子からワタの葉柄脱離を促進する物質，アブシシン酸を発見した．他方，同じ年に，イギリスのウェアリング(P. E.

Wareing）はカエデの芽から，その芽の休眠を起こす物質を発見し，ドルミンと名付けた．後になって，これらの物質が同一の物質であることがわかった．すなわち，アブシシン酸はほぼ同時に，異なる研究者によって発見されていた．さらに，アブシシン酸は植物組織の酸性抽出物の中の成長阻害物質として知られていた阻害物質β（インヒビターβ）の主成分であることもわかった．

　アブシシン酸は器官脱離（アブシジョン）を引き起こすというよりも休眠（ドルマンシー）を引き起こす物質であり，ドルミンとよぶに適しているという意見もあったが，1967年にアブシシン酸とよぶことが決められた．現在では，成長などに抑制的に作用する植物ホルモンとして認められている．さらに，アブシシン酸は気孔の閉鎖を引き起こし，水分の欠乏によって植物内にアブシシン酸が急速に増加するなど，エチレンと並んでストレスに関する植物ホルモンの一つであることがわかっている．

▍アブシシン酸の生合成と代謝

　ビオラキサンチンのようなカロテンの分子の半分と化学構造が似ていることから，アブシシン酸はカロテンが分解することによって生成されると考えられる．実際，アブシシン酸の生合成は，ジベレリンの場合と同様に色素体中でメチルエリスリトールリン酸経路でつくられたイソペンテニル二リン酸をもとにする．イソペンテニル二リン酸は次々と重合し，3分子が重合したファルネシルピロ二リン酸（炭素数15），4分子が重合したゲラニルゲラニル二リン酸（炭素数20）を経て，炭素数40のゼアキサンチンとなる．ゼアキサンチンは最終的にエポキシカロテノイドジオキシゲナーゼの働きによってキサントキシン（キサントサール）となる．この一連の反応は色素体中で進行する．多くの場合，この酸化開裂反応が，アブシシン酸合成の律速段階となっている．キサントキシンはその後，細胞質基質中でアブシシン酸アルデヒドを経てアブシシン酸となる（**図5・27**）．

　アブシシン酸は，ファゼイン酸，ジヒドロファゼイン酸と酸化的に不活性化される．また，グルコースとエステル結合することによって配糖体として液胞中に蓄積する．

　アブシシン酸の生合成と濃度は，特定の組織・器官において，あるいは環境要

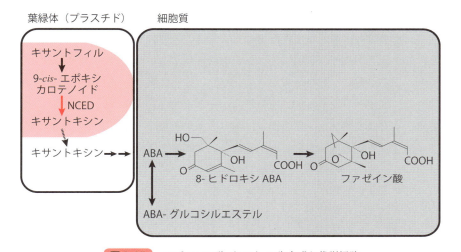

図5・27　アブシシン酸（ABA）の生合成と代謝経路

因に応答して劇的に変動する．

アブシシン酸の生理作用

アブシシン酸は他の成長を促進する植物ホルモンの作用を阻害する抑制的植物ホルモンであると考えられている．成長などに対する抑制効果はアブシシン酸を取り除くと可逆的になくなるので，アブシシン酸が毒性をもっているのではなく，その抑制効果はホルモンとして働く正常な生理作用である．成長抑制以外にもアブシシン酸はいろいろな生理作用を示す．

樹木の芽は冬の間は冬眠し，春になると萌芽しはじめる．このような冬芽の休眠はアブシシン酸の働きによって維持，制御されている．また，果実の中に種子があり，そのままではなかなか発芽しないが，種子を果実から取り出すと発芽することがある．果実に含まれているアブシシン酸が種子の発芽を抑制していると考えられる．一般的には，休眠中にはアブシシン酸の含量が高く，休眠が打破されるときにはその含量は低下する．多くの植物において，休眠とアブシシン酸の含量には一般に平行関係が見られるが，必ず平行関係があるというわけではない．成長促進物質がアブシシン酸とともに関与している場合，あるいは他の休眠を引

き起こす物質が関与している場合などがある．

アブシシン酸の代表的な生理作用として気孔の開閉の制御があげられる．葉の水分含量が低下すると，急速にアブシシン酸含量が増加し，すみやかに気孔が閉鎖する．この植物に水を与えると，気孔が開き徐々にアブシシン酸含量が低下しはじめる．水分が不足のとき，植物体内から水を失わないようにするために気孔を閉鎖するのはアブシシン酸の働きによる．水が不足していなくても，葉にアブシシン酸を与えると気孔が閉じる．アブシシン酸は孔辺細胞のカリウムイオンの含量を低下させ，その結果，孔辺細胞の膨圧が減少して気孔の閉鎖が起こると考えられている．葉を切り出してアブシシン酸を含む溶液に浮かべると気孔の閉鎖が起こる．これを利用したアブシシン酸の生物検定法がある．

根における重力屈性は根冠部で合成されたアブシシン酸によって制御されているという説がある．根を横にすると，根の下になった部分に根冠からアブシシン

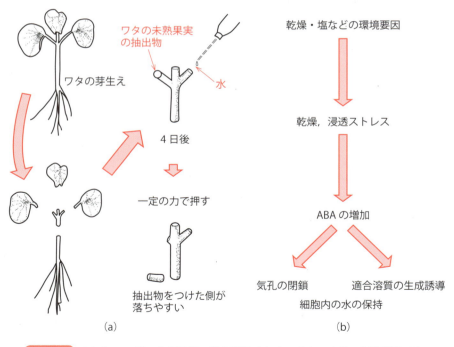

図 5・28 アブシシン酸の生理作用　器官離脱（a）とストレス応答の気孔閉鎖（b）

酸が供給されて成長が抑制される．その結果，根は重力の方向に屈曲する．

　アブシシン酸はワタの果実などの器官の脱離を引き起こす物質として抽出されたが，器官脱離との関係は明らかではない．むしろ，器官の脱離はエチレンによって制御されているものと考えられている．しかし，器官脱離が起こる離層の付近だけを切り出して実験を行った結果では，アブシシン酸には離層の形成促進作用が認められる．この現象はアブシシン酸の生物検定にも利用されている（**図図5·28**）．

　水田などに見られるアオウキクサの成長はアブシシン酸によって著しく阻害される．アブシシン酸を取り除くとすぐに成長が回復する．このとき，アブシシン酸はアオウキクサのDNA合成を阻害する．また，アブシシン酸はタンパク質合成を阻害することも観察されている．このことから，アブシシン酸の働きは核酸やタンパク質の合成阻害を介している可能性がある．ところが，気孔を閉じさせる作用はタンパク質，核酸合成を介した作用であると考えるにはあまりにも速く，タンパク質，核酸の合成阻害はアブシシン酸の二次的な作用であるとも考えられる．

5.3.9　ブラシノステロイド

　アメリカ農務省のミッチェル（J. W. Mitchell）らは1970年にアブラナの花粉からインゲンマメの茎の成長を促進する物質を分離してブラッシンと名付けた．その後，アメリカ農務省のマンダヴァ（N. Mandava）らは1979年に何十キログラムという多量の花粉から微量のブラッシンを抽出してその活性本体をつきとめブラシノライドと名付けた．哺乳類では性ホルモンや副腎皮質ホルモンなどがステロイドホルモンとして知られているが，ブラシノライドは植物から初めて単離されたステロイドの生理活性物質であった．現在は高等植物から下等植物において60種類を超える多数の関連物質が見いだされておりブラシノステロイドと総称される．1982年横田孝雄らは，クリから新たなブラシノステロイドを抽出しカスタステロンと名付けた．これはブラシノライドの前駆物質であり，さらにそれ自身でもブラシノステロイド活性をもつ．

ブラシノステロイドの生合成と代謝

　ブラシノステロイドはジベレリンやアブシシン酸と同じテルペノイドである．ジベレリンやアブシシン酸が主に色素体中でメチルエリスリトールリン酸経路を経てつくられるのに対し，ブラシノステロイドは細胞質中でメバロン酸を出発物質として合成される．メバロン酸からスクワレンを経由してシクロアルテノールができる．植物では，主にこのシクロアルテノールを経てステロールが生成され

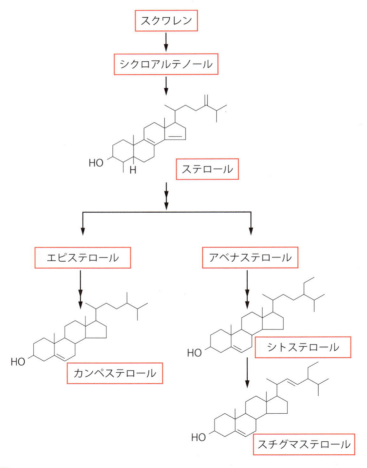

図5・29　植物ステロイドの合成経路（カンペステロール，シトステロール，スチグマステロールが植物の主要なステロイドである．植物にシトステロールがもっとも多い）

る（動物や酵母の場合，主にラノステロールからステロールが生成される）．こ
こから，植物油などに広く存在するシトステロールとスチグマステロールの合成
経路とカンペステロールの経路の二つに分かれる（**図 5・29**）．カンペステロール
から C6 位の酸化酵素および C22 位の水酸化酵素と C23 位の水酸化酵素の働きで
カスタステロンができ，さらにブラシノライドになる（**図 5・30**）．C6 位の酸化
酵素と C22，C23 位の水酸化酵素のどちらが先にはたらくかの違いで合成経路が
複数に分かれる．合成経路の途中物質のティーステロンやティファステロン，カ
スタステロンなどブラシノステロイド活性のある物質が見いだされているが，ブ

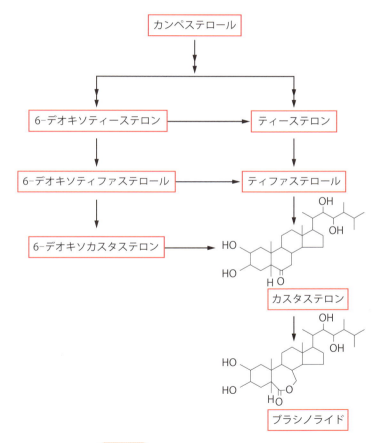

図 5・30 ブラシノライドの合成経路

ラシノライドに転換して活性が現れる可能性が高い．

ブラシノライドは，水酸化やグルコースとの結合などの代謝を受けることが知られているが，その代謝経路は複雑であり，十分に明らかにされていない．

ブラシノステロイドの生理作用

ブラシノステロイドは胚軸，節間，葉柄，花柄などの茎や幼葉鞘などの成長を促進し，オーキシンの作用と類似している．オーキシンは表層細胞の伸長成長を促進するが，内部組織の成長をほとんど促進しない（オーキシンの項参照）が，ブラシノステロイドは内部組織と表層細胞のどちらもの伸長成長も促進する．また，ブラシノステロイドは無傷の植物に投与しても伸長成長を促進するが，これはオーキシンの作用と異なり，ジベレリンの作用と似ているところがある．しかし，ブラシノステロイドをつくることができないため矮性を示す突然変異体にジベレリンを投与しても矮性形質の回復はみられない．逆に，ジベレリン欠損の矮性突然変異体はブラシノステロイドに対する感受性が低い．そのためブラシノステロイドとジベレリンはお互いの作用を補完することはなく，両方が茎の成長に必要であると考えられる．

インゲンマメの若い茎では，ブラシノステロイドは細胞伸長に加え細胞分裂も促進する．植物のカルス形成において，オーキシンとサイトカイニンの組み合わせよりもオーキシンとブラシノステロイドの方がむしろ効果的である場合もある．キクイモの柔細胞の細胞分裂はオーキシンとサイトカイニンがあると促進され，ブラシノステロイドはこれを促進する．

ブラシノステロイドは葉の肥大成長を促進しサイトカイニンと類似の作用を示す．イネの葉身と葉鞘をつなぐ部分（ジョイント）の向軸側の細胞の肥大成長を促進し，葉身を屈曲させる．これを利用したイネ葉身屈曲試験（ラミナジョイントテスト）はオーキシンにも反応するがとくにブラシノステロイドに感度が高い．ブラシノステロイド欠損突然変異体のイネの葉は，葉が直立気味になる（**図 5・31**）．

そのほか，エチレン合成促進，根の成長促進，導管や仮導管の分化促進，発芽促進，花粉管伸長促進などその生理作用ははば広い．増収効果があり，いろいろ

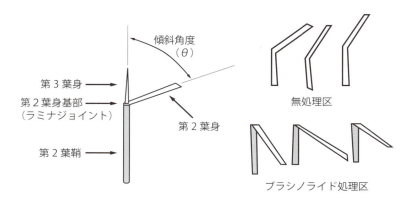

図 5・31 イネラミナジョイント試験（イネ葉身屈曲試験） イネ葉身切片をブラシノライド試験液につけると，処理濃度に応じて葉身の屈曲が認められる

な環境ストレスに強くさせるなど効果があるので農業的にも応用されている．

動物界にはステロイドホルモンとして，性ホルモンや副腎皮質ホルモン，昆虫などの脱皮質ホルモンであるエクジソンなどがある．ブラシノライドは昆虫にエクジソンと同じような作用をもつ．動物ステロイドホルモンのなかには植物に与えるとブラシノステロイドに似た作用がみられるものもある．

5.3.10 ジャスモン酸類

ジャスモン酸メチルは，ジャスミンの花の香りの主成分として 1962 年に発見された．また，1971 年に微生物の培養から成長阻害物質としてジャスモン酸が抽出された．さらに 1980 年に大阪府立大学の上田純一らが植物からジャスモン酸メチルを植物の老化促進物質として，翌年東京大学の山根久一らが植物種子中からジャスモン酸をイネなどの幼植物に対する成長阻害物質として単離して以来，ジャスモン酸類はいろいろな植物から多面的生理作用を有する生理活性物質として抽出されている．

∥ジャスモン酸の生合成と代謝

ジャスモン酸は葉緑体の膜成分由来のリノレン酸から合成される（**図 5・32**）．通常，細胞内の遊離のリノレン酸の量は少ないが，葉に障害等のストレスが加わ

ると一過的な増加がみられる．この過程がジャスモン酸生合成の律速過程であり，リパーゼによって触媒される．

直鎖のリノレン酸がリポキシゲナーゼやシクラーゼの働きで環状構造をもつ12-オキソ-10, 15-ファイトジエン酸ができる．その後，β酸化で鎖の長さが短くなってジャスモン酸ができる．さらにメチル化されてジャスモン酸メチルになる．ジャスモン酸かジャスモン酸メチルのどちらかが作用の本体であると考えられている．

最近，ジャスモン酸はさらに代謝されてアミノ酸イソロイシンとの結合型となることが明らかにされた．このジャスモン酸イソロイシンは，ある種の病原性細菌がつくる植物毒素コロナチンに類似した構造をもち，コロナチン受容体とも結合することから，ジャスモン酸情報伝達を担う分子と考えられるようになってきている．

ジャスモン酸の合成経路は，5員環をもつ動物ホルモン，プロスタグランジンが脂肪酸からつくられる経路とよく似ている．アセチルサリチル酸（アスピリン）はプロスタグランジンの合成阻害を通して炎症や痛みを抑える．似た現象としてサリチル酸はジャスモン酸の生合成を阻害する．

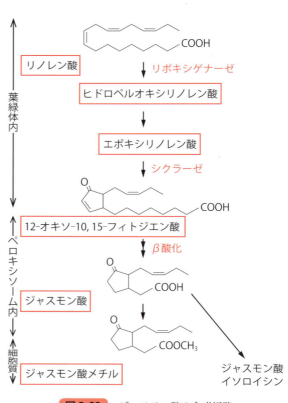

図 5・32 ジャスモン酸の合成経路

ジャスモン酸の生理作用

　ジャスモン酸のかかわる生理現象は障害などのストレス応答，離層形成の促進や葉の黄化などの老化，成長阻害など多岐にわたる．アブシシン酸とよく似た作用をもっている．さらに，ジャスモン酸メチルは揮発性でもあり，気化してはたらく可能性があり，エチレンの作用と比較される．病傷害によってジャスモン酸の濃度が上昇することから，病傷害応答の情報伝達因子としてはたらく．ジャスモン酸は葯の形成や花粉の発芽に必須であり，ジャガイモの塊茎形成，つるの巻き付き，ガム物質の形成促進に関係するなどの生理作用がある（**図5・33**）．

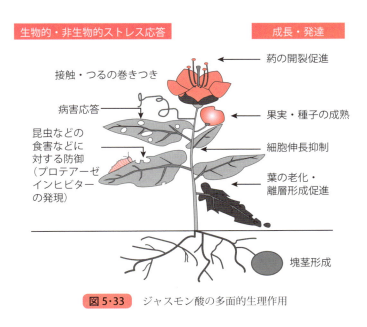

図5・33　ジャスモン酸の多面的生理作用

5.3.11　障害応答と病害応答による全身獲得抵抗性

　植物が昆虫の食害やカビなどの細胞壊死を伴う障害を受けると，障害を受けた部域から緊急を知らせるシグナルとしてジャスモン酸が作られる．この生合成はシステミンとよばれる分泌性ペプチドによって誘導され，その後，ジャスモン酸は揮発性のジャスモン酸メチルとなり，障害を受けていない部位へと発せられる

結果，植物は全身の抵抗性を獲得する．システミンは，全身性（systemic）という意味で名づけられた．

　植物の葉では昆虫の食害を受けると，（傷を受けた葉のみならず，同じ個体の傷を受けていない別の葉で）ジャスモン酸メチルに応答してタンパク質分解酵素阻害物質（プロテアーゼインヒビター）遺伝子発現が起こり，タンパク質が蓄積する．プロテアーゼインヒビターは食害虫の消化酵素の働きを阻害するので，このタンパク質を多く含む葉を食べた昆虫は，十分な栄養を吸収することができないため，食害の拡大が阻止される．この全身獲得抵抗性の防御は，感染後，数日から1週間程度続く．

　植物の全身獲得抵抗性にはウィルス，細菌などの病原菌の感染によってもたらされるものもある．これにはジャスモン酸は直接に関与せず，別の植物ホルモンであるサリチル酸が関与している．病原菌に攻撃されると，攻撃された部位の細胞を犠牲にして壊死病斑を形成し，病原菌が他の部位に広がらないようにする．壊死病斑を含む葉で活発なサリチル酸の合成が起こり，健全葉の100倍以上に増加する．サリチル酸はサリチル酸メチルに変換されて植物全体に広がり，病害抵抗性にかかわるタンパク質（Pathogen-related proteins）の新たな合成をもたらす．植物ではサリチル酸はフェニルアラニンからケイ皮酸，安息香酸を経るPAL経路によって主に生合成される．

5.3.12　ストリゴラクトン

　根寄生植物のストライガ（Striga）やヤセウツボ（Orbanche）などの種子は，発芽後，根を伸長して宿主の根に近づき，吸器を形成して宿主の根に侵入する．寄生植物は自身で十分な光合成を行うことができず，寄生に失敗すると死んでしまう．そのため根寄生植物の種子は，宿主となる植物が分泌する化学シグナルを感知して発芽する．根寄生植物の種子は土壌中で10年以上も生存可能で，いったん圃場に侵入すると宿主となる植物は長期間にわたってその被害をこうむる．1966年，アメリカのクック（C. E. Cook）はワタの根の浸出液から極めて低濃度でストライガ種子発芽をもたらす物質を単離し，ストリゴールと名付けた．その後，いろいろな植物からストリゴール類縁物質が単離・同定され，これらを総称

してストリゴラクトンとよぶ．

　宿主植物は寄生されると成長が抑制されるため，なぜ自身に不利益になる物質を分泌するかという理由は謎であった．大阪府立大学の秋山康紀らによって，ストリゴラクトンが植物の根の共生菌であるアーバスキュラー菌根菌（Arbuscular mycorrhizal fungi：AM 菌）の菌糸分岐誘導活性をもつことが見いだされた．AM 菌は宿主植物の根に樹枝状の構造体を形成し，そこから菌糸を伸ばして無機栄養を吸収する．これにより植物は効率的に無機栄養を獲得することができる．したがって，ストリゴラクトンは根圏ではたらく植物と AM 菌との共生シグナルであり，寄生植物はこれを寄生に悪用しているものと推測される．

　その後，植物の枝分かれ過剰突然変異体の解析から，枝分かれ過剰突然変異体はカロテノイド酸化開裂酵素の欠損によりストリゴラクトンの生合成が抑えられていること，ストリゴラクトンの投与により枝分かれ過剰変異体の枝分かれが正常になることが明らかにされた．その結果，ストリゴラクトンが植物自身の枝分かれを制御する新規の植物ホルモンとして認識されるようになった．

ストリゴラクトンの生合成と代謝

　ストリゴラクトンはカロテノイド由来の物質である．色素体中でゲラニルゲラニル二リン酸から，フィトエン，リコペンを経て，β-カロテンが合成される．β-カロテンは可逆的な異性化後，異なるカロテノイド酸化開裂酵素の連続的な反応により順次 β-カロテナール，カーラクトンへと代謝される．カーラクトンは最終的に小胞体膜上でシトクロム P450 モノオキシナーゼの作用により 3 環性の ABC 環部分に 5 員環がエノールエーテル結合をしたデオキシストリゴールへと変換される．このカーラクトンがストリゴラクトンの共通の前駆体とされる．これまでに構造決定されている天然ストリゴラクトンは極めて多様であるが，CD 環部分はすべてに共通な構造である．D 環の構造変換は生理活性の低下を招くことから，この構造が活性発現に重要である（**図 5・34**）．

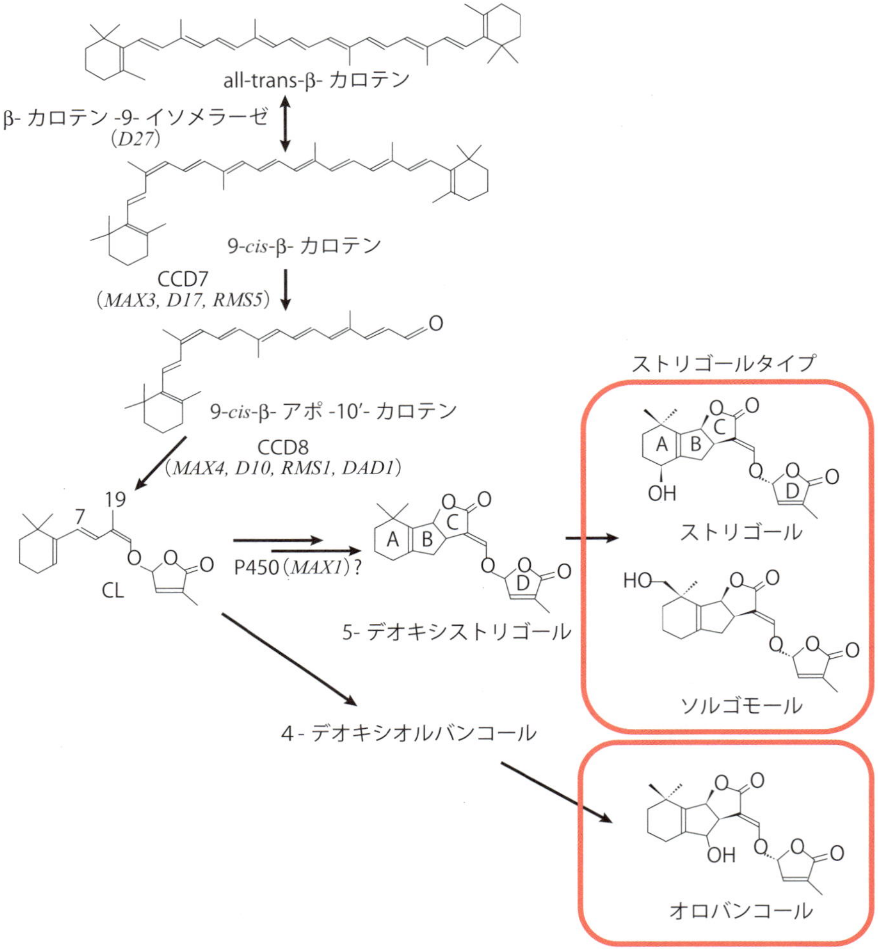

図 5・34 ストリゴラクトンの生合成経路
ストリゴラクトンは，大きくストリゴールタイプとオロバンコールタイプに分けられる．

ストリゴラクトンの生理作用

　ストリゴラクトンは，もともと寄生植物の種子発芽刺激物質やアーバスキュラー菌根菌の菌糸分岐を誘導する根圏シグナル物質として認識されていたが，植

物において，枝分かれ抑制作用，根における主根や根毛の成長促進作用，茎の肥大をもたらす二次成長促進作用，葉の老化促進作用などを示す．加えて，ストリゴラクトンは根圏におけるストリゴラクトンを介した栄養獲得戦略に関わっている（図5・35）．

植物の枝分かれは腋芽の原基の形成に始まる．形成された原基は，休眠過程を経た後に休眠から目覚めて伸長する．頂芽が活発に成長していると腋芽の休眠が保たれる．この腋芽の休眠制御には，茎頂で合成されて求底的に極性移動するオーキシンと腋芽近傍で合成されるサイトカイニンが重要な役割を担うとされてきた．しかしオーキシンには直接腋芽の成長を抑制する効果はない．オーキシンの供給源である頂芽を切除すると，ストリゴラクトンの生合成に関わるカロテノイド酸化開裂酵素の転写産物の量が減少する．この減少はオーキシン処理によって回復する．オーキシンがサイトカイニンとストリゴラクトンの合成量を調節し，その下流で腋芽の成長を抑制する転写因子の発現量をサイトカイニンとストリゴラクトンが拮抗的に調節することで側芽の成長が制御される．

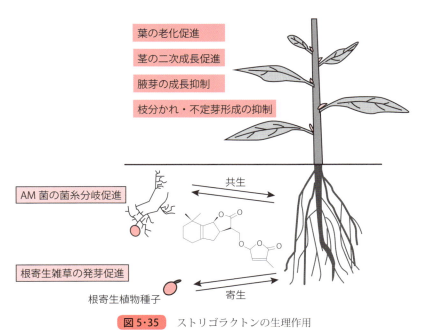

図5・35 ストリゴラクトンの生理作用

ストリゴラクトンは植物の根から土壌中に放出されて，根共生菌であるアーバスキュラー菌根菌の菌糸分岐を促進する．マメ科植物では宿主に窒素を供給する根粒菌の根粒形成を促進する．植物は菌根菌や根粒菌と共生関係を築くことで，植物の根が届かないとこから効率的にリンを取り込んだり，固定された窒素分などを取り込んだりすることができる．ストリゴラクトンシグナルが欠損するとアーバスキュラー菌根菌菌糸や根粒菌が減少する．

　また，ストリゴラクトンの生産・分泌も植物栄養分の状態によって影響を受ける．アカクローバーをリン欠乏培地で生育させるとストリゴラクトンの分泌量が増大する．また，イネ科植物のソルガムでは，リン欠乏に加えて窒素欠乏もストリゴラクトンの分泌量を増やす．したがって，ストリゴラクトンによる共生関係の促進は，栄養不足を解消するために効率的な養分吸収を行うための植物の生存戦略のひとつであろう．

5.3.13　成長調節剤や除草剤の作用

　人類が農耕を始めて以来，過酷な農作業を軽減するためにいろいろな化学物質が利用されてきた．植物ホルモンやその合成阻害剤などは，植物ホルモンのもつ生理作用を調節するものとして，着花剤，摘果剤，矮化剤などとして農作物や花卉・果樹栽培の現場で広く使われてきた．また，合成除草剤は草取りの作業から解放し，農業生産性を飛躍的に上昇させた．ベトナム戦争で枯れ葉剤として使用された合成オーキシンの有害性や，農薬等の化学物質の大量使用による環境汚染などの問題から，1960年代に入り反農薬・反除草剤の風潮が一般に広がったが，現在では，農業の生産性向上と農耕地の健全な維持のために，優れた農薬・成長調節剤の開発とその農業上の使用が行われている．

　植物ホルモン作用に基づいた除草剤として，2,4-ジクロロフェノキシ酢酸（2,4-D）などの合成オーキシンの適用がある．オーキシンを高濃度で処理すると成長を阻害する．この阻害は双子葉植物で顕著で，単子葉植物の成長は高濃度のオーキシンによっても双子葉植物ほど成長が抑えられない．この植物種による感受性の違いを水田などの双子葉植物の除草に利用している．フェノキシ酢酸型のオーキシンが過剰になると，オーキシン作用が攪乱される結果，正常な成長制御がで

きなくなり枯死に至る．

　光合成機能に化学物質も除草剤として利用されている（**図5・36**）．葉緑体の膜機能に関連する脂肪酸の生合成を妨げるものや，ジフェニールエーテル類や環状フタルイミド類のようにクロロフィル生合成の阻害効果をもつものがある．後者は，クロロフィル生合成阻害により前駆体のプロトポルフィリンの異常な蓄積をもたらす．プロトポルフィリンのもつ強い光増感作用により光があたると周囲の酸素のラジカル化が起こるため，葉緑体の生理機能が破壊され植物は枯れてしまう．このように除草効果の発現に光を要求するものを光要求型除草剤とよぶ．強い光があたった場合にも葉緑体の中にラジカルや活性酸素が発生する．カロテノイドの保護作用により，植物は損傷を回避している．そのためカロテノイドの生合成が阻害されると生体膜の酸化的破壊が起こり，枯死する．フルリドン，N-メチルカルバメート類や6-メチルピリミジン類などの除草剤がこれに属する．また，光合成系に特異的に作用する化合物は，植物以外の生物に無害な除草剤となりうる．葉緑体のチラコイド膜上のプラストキノンを受容するタンパク質と結合することによって光合成電子伝達を阻害するとされる光合成電子伝達系阻害型の除草剤も開発されている．

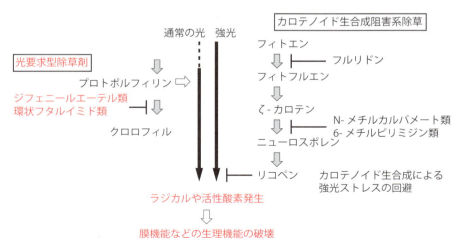

図5・36　光合成機能に影響する除草剤の作用機構

また，生物の生存に必須のアミノ酸代謝に関わる除草剤もある．フェニルアラニン，トリプトファン，バリン，ロイシン，イソロイシンなどのアミノ酸は動物には合成能力はないが，植物はこれら必須アミノ酸の多くを生合成する．必須アミノ酸の生合成系の特異的阻害剤は，人畜に対して毒性の低い除草剤となる．グリホサート（N-(phosphonomethyl) glycine）は芳香性アミノ酸の合成に関わる酵素を阻害する．グリホサート抵抗性遺伝子を組み込んだ栽培植物とグリホサートとの組み合わせで効率的な選択的雑草防御が行われている（**図 5・37**）．また，スルフォニルウレア類，イミダゾリノン類，およびトリアゾロピリミジン類は，バリン，ロイシン，イソロイシなどの分枝型アミノ酸の生合成を抑制する．グルタミン酸と構造類似性が高い化合物の中には，グルタミン合成酵素を阻害することによって植物体内のアンモニウムの蓄積を促し，生体膜上の生理機能を攪乱し植物を枯死させるものもある．

　除草剤として研究開発された化合物は多種・多様であるが，現在実用化されている除草剤の作用機序はいくつかのタイプに集約される．除草剤の作用機序の詳細な解明は，植物の生理作用機構の追求に大いに役立つであろう．

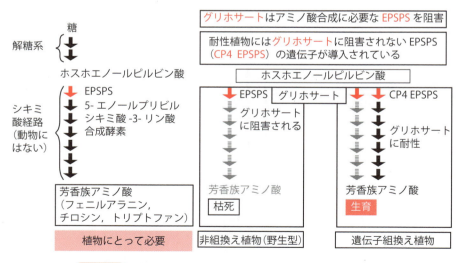

図 5・37　アミノ酸代謝に関わる除草剤グリホサートの作用機構

第6章 栄養

6.1 無機物質

6.1.1 必須元素とその他の重要元素

植物を構成している元素の大部分は,炭素(C),水素(H),酸素(O)の3元素である.水素と酸素は水(H_2O)として根から吸収され,植物を構成するもっとも多い成分である.水を除いた物質は全体の10%にも満たないほどの少量である.CとOは二酸化炭素(CO_2)として空気中から葉を通して取り込まれる.乾燥植物のこれら三つの元素組成比は,モル比でおおよそ炭素:水素:酸素が1:2:1であり,炭水化物のそれに近い.さらにその他の多くの元素が含まれており,植物にとって必要不可欠のものも存在している.植物の生育に必要な元素は土の中に無機塩類の形で存在しており,植物は根から水とともにイオンの形で吸収している.

植物にとって不可欠な無機栄養素の中で必要量の比較的多いものは多量元素とよばれ,窒素(N),リン(P),イオウ(S),カリウム(K),カルシウム(Ca),マグネシウム(Mg)がある.要求量が比較的少ないものを微量元素といい,鉄(Fe),銅(Cu),マンガン(Mn),亜鉛(Zn),モリブデン(Mo),ホウ素(B),塩素(Cl),ニッケル(Ni),ケイ素(Si),バナジウム(V),セレン(Se)がある.

無機塩類をいろいろ溶かした水溶液の中に植物体の根を浸して育てる水耕法がある.これをハイドロポニックカルチャーともいう.無機栄養に関する多くの成果はザックス(J. Sachs)によって考案された水耕法によってもたらされた.植物の生育に必要な無機塩類を必要量含んだ培養液の成分から一つまたはそれ以上の成分元素を除いた培養液をつくって植物を育てると,欠けた元素が植物の生育に及ぼす作用を調べることができる.植物に含まれている元素だからといって必

要な元素とは限らない．また，純度の高い培地でも痕跡的な必須元素を含んでいるかもしれず，その元素が必須でないということは困難な場合がある．

6.1.2　元素の生理作用と欠乏症

　無機塩類がどのように植物に対して作用しているかを見るもっとも明確な目安は，植物の最終的な成長量である．また，欠乏による症状も物差しになる．また緑色植物の場合，葉に病状が現れやすく，葉の退色（クロロシス，chlorosis）障害が起こる．

　N，P，K，Mg，Mo などが欠乏した場合は，茎の下部に位置する古い葉か，葉一枚の中では基部側よりも齢が進んだ先端部に欠乏症状が出始める．これらの元素が齢の進んだ部分から若い葉へ移動し利用されるためである．これに対して，Ca，Fe，Mn，B，Cu，Zn などの欠乏では，茎の先端にあるような若い葉で，しかも同じ葉の中では若い部分である基部側に欠乏症状が出始める．齢の進んだ部分にある元素が体内を移動できないからである．

　植物体内での元素の移動速度はその元素がどのようなイオンあるいは分子形態で移動するかによっている．根で吸収された無機塩類は主にイオンの状態で導管を通して各部位に運ばれるが，一度葉などの器官で使われると有機物の一部になったりしてその形態が変化する．これらの再分布には導管だけなく篩管を通じた転流も関係している．たとえば，移動性の高いイオウ（S）もその移動速度が植物や条件によって異なることがあるが，これは輸送形態の違いによるものと考えられる．Sの輸送形態として硫酸イオン（SO_4^{2-}）以外にスルフィド，アミノ酸のシステイン（Cys），トリペプチドのグルタチオン（GSH）などがある．

∥ 多量元素の作用と欠乏症

多量元素には，以下があげられる．

　N：タンパク質，アミノ酸，核酸，クロロフィルなどの構成要素として重要である．N欠乏では，発育が悪くなり地上部の退色と葉の黄化症状を呈するが，窒素肥料（尿素など）で改善する．窒素肥料は特に葉や茎の成長や緑化を促すので葉肥（はごえ）とよばれる．

P：核酸（DNA, RNA），核タンパク質，リン脂質などの構成要素である．また，生体内のいろいろな代謝活動において，エネルギーの運搬者である ATP などの成分として重要な役割をもつ．リン酸イオンは細胞液に多量に存在し，水素イオン濃度の調節や浸透調節に重要な役割を果たす．イノシトールと結合してフィチン酸として貯蔵される．欠乏すると，古葉の縁の部分が黒ずみ，花と実の生育が阻害される．リン酸肥料（過リン酸石灰など）はその症状を改善し，特に実や花の成長を促すことから実肥，花肥ともよばれる．

K：原形質に水溶性のイオンの形で普通 100 mM 以上の濃度で存在する．さらに液胞に多量存在する．細胞の浸透圧調節（たとえば気孔の開閉運動）に主要な浸透物質として重要な役割をもつ．ピルビン酸キナーゼなど 1 価の陽イオンを必要とする多くの酵素の活性を増大する．K が欠乏すると，根の発育障害とともに葉の変色や植物体の全体的な成長阻害が生じる．カリ肥料（塩化カリウム，硫酸カリウムなど）は根の成長を促すので根肥ともよばれる．N，P と同様，"肥料の三要素"の一員である．

Mg：クロロフィルの構成要素である．また，生体内でイオンの形でも存在し，ATP のリン酸と複合体をつくりエネルギー転換に作用をもつ．液胞膜のピロリン酸と結合し水素イオンポンプに働きを及ぼす．RNA や DNA の構造維持に働く．欠乏すると，特に古葉の部分が葉脈部分を除いて黄色に退色（クロロシス）し，やがて枯死・落葉する．硫酸マグネシウムや苦土石灰の投与で改善する．

Ca：多くはアポプラストに存在する．細胞壁のペクチン物質に架橋をつくり細胞壁の構築に役割を果たす．また，ストレスなどの環境からのシグナルの伝達に役割をもつ．細胞膜の構造と機能の保持に必要である．Ca 欠乏状態は特に成長の盛んな成長点部分で現れ，根の伸長成長も強く抑制される．トマト果実の尻腐れ病も Ca 不足が原因である．

S：メチオニン，シスチン，システインなどのアミノ酸，ひいてはタンパク質の構成要素である．鉄イオウタンパク質の構成要素でもある．また，呼吸に関与する補酵素やチアミン，ビオチンなどのビタミン類，抗酸化剤であるグルタチオンの中にも含まれる．イオウの欠乏症は窒素の欠乏症と似ているが，下の方にある葉は健全でより上の方にある葉に障害（退色）が生じやすいという特徴もある．

微量元素の作用と欠乏症

微量元素には，以下があげられる．

Fe：チトクローム酸化酵素，硝酸還元酵素，カタラーゼやフェレドキシンなどヘムタンパク質と鉄イオウタンパク質の重要構成要素である．鉄による電子伝達を通して酸化還元に役割を果たす．その他，多くの酵素の活性化を引き起こす．土壌のFeの多くは不溶で，植物は有機酸などを放出して溶解度を高める．2価のFe^{2+}は細胞膜を透過できる．Fe^{3+}は細胞膜上の酵素で還元され吸収される．イネ科植物の根から分泌されるムギネ酸はFe^{3+}の直接の吸収を助ける．Fe欠乏では葉肉部分が退色し葉脈が緑に残る．

Cu：スーパーオキシドジムスターゼ（SOD），フェノール酸化酵素，アスコルビン酸酸化酵素，チトクローム酸化酵素などと結合して活性化する．Cu欠乏では葉が凋萎し，若い葉の先端がしおれて巻き上がる．

Zn：DNAポリメラーゼ，RNAポリメラーゼと結合して活性化する．転写調節タンパク質のあるものはジンクフィンガーというドメインをもつ．このように遺伝子の発現に関係する．炭酸脱水酵素の構成要素で，炭酸同化に役割をもつ．その他，アルコール脱水素酵素など多数の酵素と結合して活性化する．Zn欠乏では短小・奇形な葉になったり，葉の節間の短縮でロゼット型を呈する．

Mn：光化学系IIの水を分解して酸素を放出する反応に関与する．スーパーオキシドジムスターゼ（SOD）などの構成要素である．Mgと交換可能な場合がある．Mn欠乏はFeの初期欠乏と似ていて，葉が退色する．

Mo：硝酸還元酵素の構成要素で，硝酸をアンモニアに還元することで，植物の窒素利用に関与する．アンモニアで植物を育てるとMoの必要度が下がる．根粒などの窒素固定にも必要とされている．核酸の分解物キサンチンの酸化酵素を活性化する．必要量はきわめて微量であるが，欠乏すると葉脈が緑に残り葉肉部分がまだらに退色する．葉の周辺が巻き上がる．

Cl：Kなどの陽イオンに対する陰イオンの浸透物質として働く．光化学系IIの反応に必要である．液胞膜のプロトンATPアーゼを活性化する．欠乏すると，若い葉が特に昼間に凋萎し退色する．塩化物イオンは環境に豊富に存在するので，欠乏は少ない．

B：細胞壁のペクチン物質の機能に関与している．糖，RNA，膜の代謝に関係する．B欠乏では，成長中の組織に欠乏症状が見られ，固くて，もろくなる．花は特に影響を受けやすい．根は病原体などに感染しやすくなる．

Ni：欠乏すると葉の周辺部から退色する植物がある．

Co：窒素固定植物にとって必要である．

Na：必要な元素とする植物がある．好塩性の植物は特に多く必要とする．

V：植物の種類によって必要な元素である可能性がある．

Se：植物の種類によって必要な元素である可能性がある．

植物は土壌と接しており，土壌には多数の元素が含まれている．このために必要量が微量である元素の欠乏症は観察されにくい．人間では植物に必須な元素に加えて，フッ素（F），ヒ素（As），リチウム（Li），鉛（Pb），クロム（Cr），ヨード（I），Na，Se，Ni，Co，Vなども必須元素であることがわかっていることと対照的である．

6.1.3　土壌の主成分ケイ素とアルミニウム

植物は土壌に根を下ろして生きている．必要な元素のほとんどを土壌から手に入れる．土壌の主成分は二酸化ケイ素（SiO_2）と酸化アルミニウム（Al_2O_3）である．植物はこれらの元素を吸収し，植物体にもケイ素（Si），アルミニウム（Al）は比較的多量に存在する．このうちケイ素は土壌水溶液に0.1 mM以上含まれる．濃度は土壌の組成やpHによっても変化する．人工的につくった有機土壌などではケイ素の含量は少ない．

ケイ素は動物にとっては必須であることがわかっているが，植物で必須であるかどうかははっきりしない．特定の植物，トクサ科やケイソウなどの藻類には必須元素である．イネの成長は促進されるのでケイ酸肥料が施肥される．ケイ酸とは二酸化ケイ素およびその水和物（一般式 $xSiO_2 \cdot yH_2O$）の総称で，シリカともいう．

吸収されたケイ素は細胞壁内に沈積して細胞壁の強度を保つと考えられる．細胞壁には多糖類に加えてリグニンなどの物質が沈着して細胞壁強度を高めると考

えられる．リグニンは有機物質で植物がアミノ酸から生合成する必要があるが，ケイ素は根から吸収して細胞壁に沈着させるだけであるので経済的といえる．組織の表面に多く分布し水分の過剰な蒸散を抑制し，また，病虫害の侵入を防ぐ．特に，成長の後期，齢の進んだ植物の成長に利益がある．水耕栽培ではケイ酸が植物の成長を促進する場合があり，イネやムギなどの単子葉植物の水耕栽培では，幼植物でも成長が促進される．また，ケイ酸はアルミニウムと化合物をつくってアルミニウムの毒性を軽減する．

ケイ素の必須性を考えるには2点の問題がある．

① ストレスのもとでは明らかに成長を促進するが，ストレスのないときには効果が少ない．

② ちりなどには土が含まれていて，ケイ素の必要量はきわめて少なければ欠乏条件をつくるのは困難なのかもしれない．もちろんガラス器具はケイ酸からできている．

一般に，酸性土壌は作物の生育に適していない．その理由の一つは，土壌溶液が酸性になるとアルミニウムが溶出してその濃度が高くなるからである．近年も，化石燃料の燃焼などでイオウや窒素の酸化物（SO_x，NO_x ともいわれる）が雨に混入して生じる酸性雨が観察されている．酸性雨で土壌が酸性化する．土壌中の植物栄養素の多くは酸性によって吸収されにくくなるが，アルミニウムはpH5以下で毒性のない土壌から溶け出して毒性の高い Al^{3+} が優勢となる．

根，特に根冠近くの成長阻害などを起こす．植物によってその程度は異なる．茎表面のクチクラはアルミニウムの吸収に抵抗があるが，その層を通り吸収されればアルミニウムは茎の成長も阻害する．アルミニウムは細胞壁の糖類や細胞膜成分，栄養としてのリン酸の吸収，DNA，RNA，膜，ATPなどの代謝に影響する．

植物の中にはアルミニウムに強い植物もある．チャ，ソバ，アジサイはその代表である．アルミニウムはアジサイの花弁の色をピンク色から青紫色に変えるが阻害的な作用はない．アルミニウムによって成長がよくなる植物，たとえば熱帯産のノボタンの一種などもある．

6.1.4 無機物質の移動,膜輸送

植物の環境は塩水,真水,乾燥地などがある.環境における無機物質の濃度はさまざまで,これに対し細胞内は恒常性によりほぼ一定である.植物の内外での無機物質の濃度には大きな違いがある.たとえば,カリウムは植物体の乾燥重量の1%以上にもなるが,土壌水では数十 ppm 以下である.また,ナトリウムの濃度は塩湖や乾燥地などでは高いが,細胞内は低い.脂質二重膜からなる細胞膜は電荷をもつ物質をほとんど透過させないので,イオンの細胞内外の濃度差を保持する.

無機イオンの細胞膜透過には次の三つの経路がある.

① **ポンプ**:無機物質のイオンはポンプによって取り込まれる.ポンプはATPの分解エネルギーを使って無機物質を膜透過させる.能動輸送である.

② **担体**:細胞膜にあるイオンに特異性の高い担体を通して他のイオンの動きと共役して運ばれる.たとえば,硝酸イオン(NO_3^-)は水素イオン(H^+)と共輸送され,ナトリウムイオン(Na^+)はH^+と対向輸送される.

③ **チャネル**:細胞膜にはそれぞれの無機物質のチャネルがあって,それらの物質が通過する.K^+はカリウムチャネルを通して細胞に取り込まれ,その速さはルビジウムイオン(Rb^+)とほとんど差がないが,Na^+は1万倍も通過しにくい.チャネルの物質に対する特異性はさまざまである.

6.1.5 無機塩類の吸収と土壌

無機塩類は土壌溶液中にイオンとして存在しており,根にもイオンの形で吸収される.根のイオン吸収の盛んな部位は主として吸水の盛んな根毛部より下方の成長域であるといわれている(図4・23参照).

根によるイオン吸収は,まず,土壌溶液中のイオンが拡散によって根の表面に供給される.次いで,植物体にとって必要なイオンが細胞膜の選択的透過性によって細胞内に取り込まれる.

細胞内のイオン濃度は細胞の外よりも高くなる．つまり，イオンの細胞膜透過は濃度の高いほうから低いほうに移動するような単純な拡散ではない．濃度勾配に逆らってイオンを移動させる積極的な吸収であり，エネルギーを消費する．根の表層部から吸収されたイオンは皮層を通過して根内部に送られる．途中，アポプラストとシンプラスト経由で移動する．内皮細胞の細胞壁にはスベリンが沈着した水やイオンを通さないカスパリー線がある．この部分ではアポプラストは通れないのでシンプラスト経路だけである．内皮を通り中心柱に達した水やイオンは木部導管に送り込まれ（図4・23参照），地上部へ運搬される．

6.1.6　土壌液の水素イオン濃度（pH）

土壌溶液中のpHは土壌の母岩の種類などによって著しく異なる．酸性雨に影響を受けることがある．土壌溶液のpHは各種の無機塩類の溶解度に影響を与える．例をあげると，Fe^{3+}は通気のよい土壌でpHが8程度より高くなると水に不溶性の$Fe(OH)_3$として沈殿し，植物に吸収されにくくなる．pHが低くなると吸収されにくいイオンもある．窒素，カリウム，マグネシウム，イオウ，カルシウムなど，主要な元素を含め多数のイオンは低いpHで吸収されにくくなる．リン酸はpHの違いによってHPO_4^{2-}や$H_2PO_4^{-}$などに変化し，吸収などが異なる．さらに，植物の根，特にイオンの輸送系がpHに影響を受ける．

6.2　塩分ストレスと重金属ストレス

6.2.1　塩分ストレス

一般に，陸上植物はナトリウム（Na）が多量存在する環境では生育しない．塩濃度が高いことで水やカリウムの吸収が影響されたり，光合成が特に影響を受ける．これに対し，海岸地方に発達したマングローブや，乾燥地帯・岩塩地帯に見られる植物は高濃度の食塩環境に適応して生育している．これらの植物は塩生植物（halophytes）とよばれ，塩の侵入や化学毒性を軽減したりする仕組みをもっている．

塩生植物の中には，食塩の有無にかかわらず生育できるアスターのような耐塩

性の植物がいる一方で,高濃度の食塩(NaCl)の存在下でのみ正常な生育をするアッケシソウのような好塩植物もいる.さらに,植物によってはナトリウムを絶対的に必要とするものがある.これらにおいては,耐塩性を示すだけではなくナトリウムを利用する仕組みや理由があると考えられる.その例として,C_4植物やCAM植物の炭酸固定経路において,ナトリウムはホスホエノールピルビン酸(PEP)の再生経路に微量元素として必要である.吸塩植物として知られるアイスプラントは通常C_3型の炭酸固定経路を利用しているが,塩分濃度が高くなるとCAM型に変化しストレスに強くなる,いわゆる条件的CAM植物である.これは,水分減少と塩濃度上昇,日中の温度変化など,過酷な変化が同所的に起こる環境で生存するために必要な策といえる.好塩植物はカリウムの代わりにナトリウムを積極的に利用していると考えられる.塩は液胞に蓄積されるので,その中にナトリウムを貯め,浸透圧と吸水力の維持に利用している可能性がある.

6.2.2 カリウムとナトリウムの輸送体

植物の細胞膜と液胞膜にはプロトンポンプ(ATPアーゼ)が存在し,ATPのエネルギーを使ってそれぞれ細胞外(細胞壁)と液胞内に水素イオン(プロトン)を送り出している.その結果,細胞壁と液胞内のpHは酸性に,細胞質は中性〜弱アルカリ性に保たれている.

この濃度勾配を利用した二次的能動輸送により細胞質内のナトリウムイオン濃度は低く一定の濃度に維持されている.まず,植物の細胞膜にはナトリウムとカリウムの両イオンを輸送するHKT1(高親和性カリウム輸送体)が存在するため,一定の割合でナトリウムが細胞質内に取り込まれる.細胞質内のナトリウム濃度を減少するために,液胞膜にあるNHX1(Na^+/H^+交換輸送体)が駆動し液胞内にナトリウムを交換輸送する.また,細胞膜にあるNa^+/H^+交換輸送体(SOS1またはNHAという)も細胞外のH^+を利用してナトリウムイオンを外に排出する.以上の複数の輸送体が働いて細胞質内のナトリウムイオン濃度が低く一定に保たれ,塩耐性の向上にも貢献している(**図6・1**).

一方,植物にとって重要な栄養であるカリウムイオンは細胞膜輸送体(HKT1)およびカリウムチャンネル(KAT1)によって取り込まれ,体の隅々に輸送され

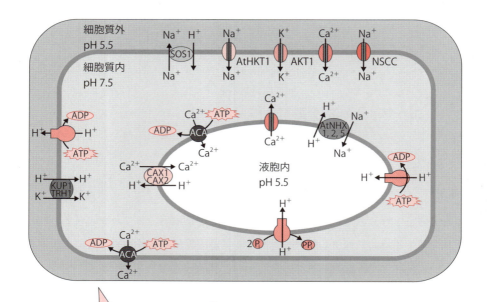

ナトリウムはいろいろな経路で細胞内に流入するが，細胞質内のナトリウム濃度は種々の輸送タンパク質の働きで一定に保たれている．ナトリウムイオンバランスには水素イオンの他，カリウムやカルシウムイオンも関係している．

図6·1 植物細胞によるイオンの輸送の模式図（Taizら「植物生理学」より，一部改変）

る．外界のK濃度が減少すると，高親和性のKチャンネルが新たに誘導されることも知られている．ナトリウムイオンはこれらのKイオンチャンネルと競争し，カリウムイオンの吸収を妨げることが知られている．これがナトリウム塩害による障害の原因の1つでもある．なお，アルカリ金属であるセシウム（Cs）やルビジウム（Rb）もKイオンチャンネルを通して細胞内に吸収される．

6.2.3 無機イオンの輸送タンパク質

必要，不必要の違いにかかわらず無機イオンの膜透過性は膜に存在する輸送タンパク質の働きに依存している．細胞膜や液胞膜などに存在し，金属や他の無機

イオンを輸送する多種類の輸送タンパク質とその遺伝子の構造，および働きがわかっている（**図 6・2**）．

亜鉛や鉄等，マンガンなどの二価陽イオンは細胞膜の ZIP などで取り込まれ，細胞内濃度を高める．Cd や Ni などの重金属イオンもその輸送体を通過できるため細胞内に侵入する．

HMA という輸送体は P1B 型の ATP アーゼ（すなわち P-タイプの ATP アーゼスーパーファミリー）に属するが，これはもっといろいろな二価と一価の金属イオンを通過させ，しかも細胞外に排出する働きがある．根では取込みではなくむしろ木部導管への金属イオンの輸送（すなわち根からの排出）に関わっている．

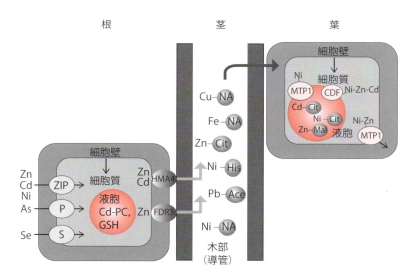

輸送タンパク質：ZIP（亜鉛・鉄輸送タンパク質），P（リン酸輸送タンパク質），
　S（硫酸輸送タンパク質）
HMA4（重金属輸送 ATP アーゼ）
FDR3（薬剤・毒物排出タンパク質）
MTP1（金属耐性タンパク質）
CDF（陽イオン拡散促進タンパク質）
金属結合物質：PC（フィトケラチン），GSH（グルタチオン），NA（ニコチアナミン），Cit（クエン酸），His（ヒスチジン），Ace（酢酸），Mal（リンゴ酸）

図 6・2　植物に見られる無機イオン輸送タンパク質と金属結合物質
（モンフェランら，2013 より一部改変）

つまり，この輸送体は細胞の外へ亜鉛等の金属を輸送することで，細胞内金属濃度を低下させる役割とほかの地上部などの組織へ輸送する役割の二つを担っている．この輸送タンパク質をたくさん発現させるといろいろな金属過剰ストレスに強くなることもわかっている．

　細胞質から液胞に金属を送る輸送タンパクには MTP が知られ，これは CDF に属する．これが働くと液胞の濃度は上がるが，細胞質の濃度は下がる．これは，Zn，Co，Fe，Mn だけでなく Cd や Ni も通らす．CDF は細胞膜には無いとされていたが，近年，MTP は葉の細胞膜にもあって細胞からの排出にも関わることが示された．

　その他，OPT（YSL）というグループもあり木部の柔組織や花粉，あるいは根や地上部の維管束と細胞側面の細胞膜にあり，葉脈などへの金属の輸送に関わっている．

　陰イオンもそれぞれの輸送体で運ばれる．細胞膜では，リン酸はリン酸輸送体（PHT1，PiPT），硫酸は硫酸輸送体（AST，Sultr1；2），ケイ酸はケイ酸輸送体（Lsi 1，Lsi 2，Lsi 6）で運ばれる．有毒なヒ素を含むヒ酸はリン酸，亜ヒ酸はケイ酸と，また，セレン（セレン酸）は硫酸とイオンの形状が似ているため，それぞれ類似した陰イオンの輸送体を通って体内に入る．窒素源のうち硝酸は複数の能動輸送体（NRT），アンモニウムイオンは AMT1 で輸送される．硝酸態窒素は植物が最も好む窒素源だが，それが不足すると AMT1 が誘導されアンモニウム態窒素の吸収がよくなる．

6.2.4　重金属ストレス

　植物の周りにはいろいろな無機イオンが存在するがそのすべてが植物に有効であるというわけではなく，有毒なだけの無機イオンもある（水銀，カドミウム，鉛，ヒ酸・亜ヒ酸イオンなど）．これらは有害金属・非金属イオンあるいは単に有害重金属イオンのグループとして扱われる．また，必須元素であっても過剰に存在すると植物に悪影響を及ぼすことがある．特に微量元素の必要量は極めて少なく外液濃度にして 0.1 μM 以下のものもある．有用金属である銅や亜鉛，ニッケル，コバルトなども比重が重く，金属毒性が高いことから重金属のグループに含めら

れている．

　重金属の中には直接遊離基（フリーラジカル）を発生し生体分子や生体膜に損傷をあたえるもの（Fe, Cu, Cr, Co, Mn, V など，レドックスアクティブ）と，遊離基の消去を行うレドックス制御系の酵素反応を阻害して間接的に遊離基を増加させるもの（Cd, Zn, Ni, Pb, As など，レドックスインアクティブ）とがある．結局，ともに細胞のさまざまな部位で活性酸素の増加をもたらし植物体に酸化的ダメージを与えることになる．

6.2.5　重金属耐性

　重金属ストレスに対抗する方法には基本的に二通りのやり方がある．一つは細胞内に取り込まないあるいは排出することによる．もう一つは細胞内に侵入したものを何らかの物質や構造で結合し無毒化することである（**図 6·3**）．前者には細胞膜や液胞膜に存在する種々の無機イオン輸送体（タンパク質）と細胞壁成分（ペクチンやリグニンなど）が，後者には細胞質内の金属結合ペプチド（フィトケラチンやグルタチオンなど）やタンパク質，有機酸などの有機物が関係している．

　体レベルでみると植物は有害金属に対して，①体内に無毒化して溜めこむ，②体内から排出する，③その部分を犠牲に他の部分で生き残るなどの手段をとることができる（**図 6·4**）．このうち特に①の重金属などを多量に集積する特徴に優れた植物を探し出し，環境問題に巧く適用できれば人類にとって優れた技術となる．このような植物の特徴を利用して環境の修復に役立てようとする技術をフィトレメディエーション（Phytoremediation）という．これには根による抽出・吸収効率と地上部への輸送・集積効率が大切な指標となる．

　動物では重金属結合物質としてタンパク質のメタロチオネイン（MT）がある．植物は MT ではなく Cd や As 汚染下でフィトケラチン（PC）ペプチドを多くつくる（図 6·2 参照）．PC は特に培養細胞や根の細胞内に多く蓄積し，重金属の毒性緩和と集積に関わっている．一方，根から地上部への輸送には PC はほとんど関わらず，導管内の別の結合物質（有機酸やアミノ酸など）が重要である．地上部の各器官にたどりついた重金属は独自の輸送タンパク質の働きで細胞内，液

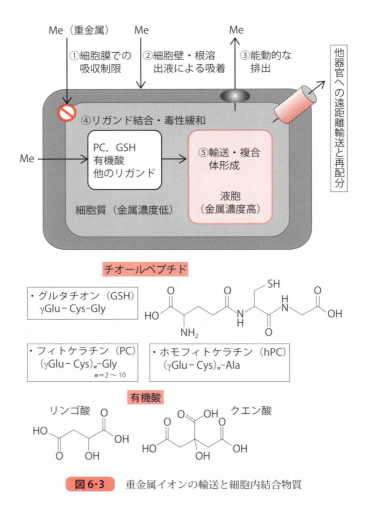

図6・3 重金属イオンの輸送と細胞内結合物質

胞内，あるいは細胞外の細胞壁やトリコーム（毛状突起）とよばれる特殊な表皮構造体に集積される．地上部での無機リガンドによる結晶構造の成長も重金属の高集積能に貢献する．

　実際に植物を重金属浄化に使用するためにはクリアすべきいくつかの条件がある．まず根での吸収効率，次に根から地上部への輸送効率である．いくら根で蓄積しても根を刈り取ることは困難なので，刈り取っても次から次に生えてくるよ

6.3 無機元素の代謝

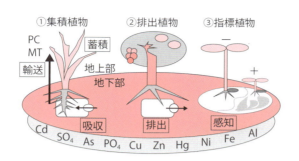

図6・4 重金属に対する植物の3つの典型的な対応法（集積，排出，指標）とその特徴（Inouhe ら，2015 より一部改変）

うな地上部への輸送が望まれる．さらに，地上部のどこにどんな形で蓄積させるかという問題が残る．食用にならない器官で完全に無毒化された（あるいは後で抽出し易い）状態で多量に蓄積されるのが理想である．しかし，吸収，輸送，蓄積の三拍子がそろった優れたファイトレメディエーターは少ないのが現状である．今まで数百種類の植物が調査され，Cd のグンバイナズナ，As のモエジマシダなどが注目されている．その他，土壌浄化ではイネやマツバイをはじめとする多くの単子葉植物，ヒマワリ，アルファルファ，インデアンマスタードなどの双子葉植物，また，水質浄化の目的ではウキクサなど水草の仲間も注目されている．今後，修復効率の向上と同時に生態系に配慮した植物選抜や技術開発がさらに必要となってくる．

6.3 無機元素の代謝

6.3.1 窒素栄養

植物の機能で重要な働きを担っている高分子はタンパク質や核酸であり，アミノ酸やヌクレオチドからなっている．これらの物質は酸素，水素，炭素，イオウ，リン，窒素などの元素で構成されている．酸素と水素は植物が根から吸い上げる水から手に入れることができる．イオウやリンは，根から硫酸塩，またはリン酸として吸い上げる．炭素は大気中の二酸化炭素を葉が吸うことで手に入れることができる．このように，植物はその周囲にある物質から必要な元素を手に入れて

いる．不足しやすく施肥効果も著しく，窒素，リン，カリウムが肥料の三要素とよばれることからも，窒素は大気中に豊富にあるにもかかわらずもっとも欠乏する元素のうちの一つであることがわかる．植物は空気中の窒素を直接利用することができない．植物が利用できる形の窒素はアンモニアや硝酸塩である．

空中の窒素を利用するためには窒素をアンモニアや硝酸に変えるため窒素の固定が必要となるが，植物は窒素固定の能力をもたない．窒素固定はもっぱら微生物（原核生物）によって行われており，自然界における大気からの窒素固定の大半はこれらの微生物によって行われる．ほかに，大気中での雷のような放電でも窒素固定は起こる．自然に起こる窒素固定の量は人工肥料の量より多い．窒素固定をする微生物は，シアノバクテリア（ラン藻），アゾトバクターなどの好気性土壌細菌，クロストリジウムなどの嫌気性土壌細菌，根粒細菌などである．地衣類は近年，森林における窒素固定生物としても注目を浴びている．その働きも共生しているシアノバクテリアや微生物に負うところが多い．

6.3.2 窒素固定

窒素と水素からアンモニアをつくる反応はエネルギーが生ずる反応である．これは，この反応が容易に起こることを意味している．しかし，窒素分子は窒素原子が三重結合してできており（$N \equiv N$），その三重結合は容易なことでは切れない．したがって，窒素は比較的安定な気体で，窒素分子が安定であるのは，窒素分子の三重結合の一つを切り，二重結合にするためにエネルギーが必要だからである．このことから，エネルギーなしでは窒素固定は起こらないことがわかる．残りの二重結合は，適当な触媒があれば切れてアンモニアを生成する．その部分の反応はエネルギーを必要としない．人工的には三重結合を切るために高温高圧条件が必要で，これによってアンモニア合成が行われる．微生物はATPのエネルギーの力を借りて窒素固定を行う．産物はアンモニアである（**図6・5**）．1分子の窒素を固定して2分子のアンモニアをつくるためには最低でも16分子のATPが使われる．窒素固定は効率の悪い反応といえる．

三重結合を切るハサミに当たるものがニトロゲナーゼとよばれる酵素である．ニトロゲナーゼはモリブデンと鉄を含むタンパク質である．モリブデンは窒素固

定にとって必須元素であり，これが欠乏すると窒素固定ができなくなる．この酵素は酸素に弱くすみやかに失活する．

窒素固定によってつくられたアンモニアは土壌中の細菌によって硝酸に酸化される．この細菌はアンモニアを硝酸に酸化するときに出るエネルギーを利用して生活している

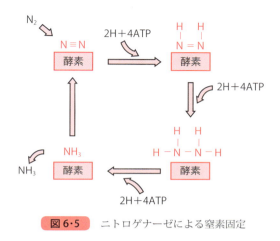

図6・5　ニトロゲナーゼによる窒素固定

細菌である．硝酸は植物の根から吸収されやすいので，植物にとってはよい栄養源となる．吸収された硝酸は再びATPのエネルギーによってアンモニアに還元され，アミノ酸などの合成に使われる．すなわち，アンモニアを利用するほうが硝酸を利用するよりもエネルギー効率が高い．

6.3.3　微生物との共生

ダイズ，エンドウ，ピーナツ，アルファルファ，クローバー，ミヤコグサなどのマメ科植物とリゾビウム属の根粒細菌が共生して根粒をつくる．根粒では窒素固定が行われる．マメ科植物以外にも，ハンノキやヤマモモなどには放線菌が共生し，ソテツなどにはシアノバクテリアが共生し根粒が形成される．シダ植物のあるものもシアノバクテリアと共生して窒素固定を行う．菌類で根から侵入して植物と共生関係にあるものもいる．これらはアーバスキュラー菌根菌とよばれ，その役割が注目されている．

マメ科植物は根から化学的な誘引物質を分泌して土壌中に独立生活をしている根粒菌を誘引する．集まった細菌は根毛を湾曲させてそこから侵入し，根皮層組織に達する．根粒細菌はその周辺の細胞を刺激して細胞分裂を起こさせ，根粒が形成される．根粒内では細菌はバクテロイド（bacteroid）とよばれ不規則な形態に変化する（図6・6）．根粒形成は根粒菌の生産する植物ホルモンのオーキシ

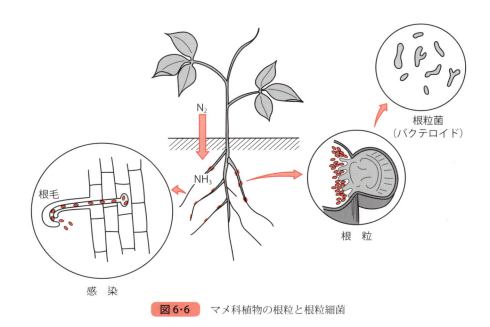

図6・6 マメ科植物の根粒と根粒細菌

ンとサイトカイニンの働きによると考えられている.

　窒素固定は嫌気的条件で起こる.好気性窒素固定細菌には酸素から窒素固定系を守る機構がある.根粒細菌の場合にもそのような防御機構がある.窒素固定の能力のある根粒を割ってみると赤い色をしている.この赤い色はヘモグロビンの色である.マメ科の植物(legume)にあるヘモグロビンという意味でレグヘモグロビンとよばれ,根粒細菌に酸素を運び,窒素固定系を酸素から隔離する機構と関係していると考えられている.緑色を帯びている根粒は窒素固定の能力をもたない.

　根粒をつくるなどの共生細菌は植物から生きるための栄養をもらい,植物はその代わりに窒素化合物をもらう.この窒素化合物はアミノ酸や尿素化合物として導管を通って植物のいろいろな器官に輸送される.

6.3.4　窒素の代謝

　根から吸収された硝酸は植物体内でアミノ酸をつくる原料としてアンモニアに

還元される．すなわち，まず吸収された硝酸は硝酸還元酵素とよばれる酵素によって亜硝酸に還元される．この酵素はモリブデンを含んでいるのでモリブデン欠乏では硝酸からアンモニアをつくることができない．亜硝酸は葉緑体において亜硝酸還元酵素によってアンモニアに還元され，アンモニアはグルタミン酸と結合してグルタミンをつくる．グルタミンはTCA回路の構成員であるα-ケトグルタル酸（2-オキソグルタル酸）にアミノ基を移して2分子のグルタミン酸になる．

6.3.5 イオウとリンの輸送と代謝

イオウは植物の生命力を左右する多くの生理生化学的活性に関係する必須元素であり，重金属や有機化合物などの外生有毒物質（Xenobioticsという）および内生的に発生したフリーラジカル（Free Radical）や活性酸素（AOS，ROS）に対する植物の感受性や耐性増強にも関与している．生育培地からイオウを除いた場合，植物は病気やストレスに非常に弱くなる．イオウには硫酸イオンやスルフィドをはじめとする無機イオウとシステインやメチオニン，S-メチルアデノシン（SAM），タンパク質，含硫多糖類などさまざまな有機イオウとがある．これらはすべて根から吸収された硫酸をもとに，一連の輸送系と葉緑体などのオルガネ

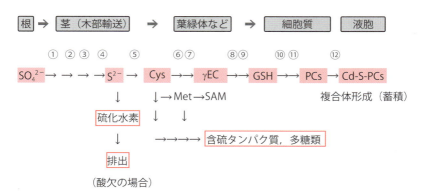

① AST68：硫酸輸送体, ② APS1：ATP スルフリラーゼ, ③ APR：APS 還元酵素, ④ Sulfite 還元酵素, ⑤ SAT：O-アセチルセリン（チオール）リアーゼ, ⑥ Cys 輸送体, ⑦ γEC 合成酵素, ⑧ γEC 輸送体, ⑨ GSH 合成酵素, ⑩ GSH 輸送体, ⑪ PC 合成酵素, ⑫ PC 輸送体

図6・7 根から吸収された硫酸の輸送とその代謝経路の模式図

ラによる生合成経路を経て生成される（図 6·7）．これには光合成活性が関わっている．

　蓄積されたイオウ成分は全体としてイオウが誘導する耐性機構（SIR という）や GSH/チオールプールとよばれる還元力プール形成に関与する．これらは光酸化条件下で引き起されるさまざまな活性酸素の消去やレドックスシグナルとしての分子の働きを支える還元力を提供する重要な要因である．PC や GSH などのチオールがストレスで消費されると，それを補償するために，①の硫酸輸送体や，②〜⑤などの酵素タンパクの合成が誘導されてチオールが供給される．逆に，酸素欠乏状態では還元状態の進行を防ぐために硫化水素のような還元型のスルフィドで体外に排出する機構も植物はもっている．

　リンは無機リン酸の形で根から吸収される．細胞膜やオルガネラにはさまざまな種類のリン酸輸送体が存在する．これは，リン酸の輸送と代謝的要求性が極めて高いことと関係している．リン酸は，先述したように，核酸（DNA，RNA），核タンパク質，リン脂質などの構成要素として多量に必要なだけではなく，ATP などの高リン酸エネルギー結合を介して，生体内のさまざまな代謝経路やシグナル伝達系において重要な役割をもつ．植物のリン酸の代謝量と利用速度（代謝回転速度）は極めて速いが外界からの吸収には制限があるため常にリン酸飢餓の状態に植物はあるといっても過言ではない．植物は光エネルギーを使って無機リン酸を ATP や有機リン酸（糖リン酸や糖ヌクレオチドなど）にして蓄え利用する仕組みを発達させている．したがって，単にリン酸肥料を施肥するだけではなく光合成の条件を適切に保つことが肝要となる．核酸やリン脂質など蓄積したリン酸化合物の再利用（サルベージ経路）や葉緑体膜等にあるトランスロケーター（Pi/トリオースリン酸，ATP/ADP）などは効率よいリン酸リサイクルに適した分子機構であるといえる．

　以上，本章で述べてきた植物とミネラルおよび栄養との関係は，植物の成長生理のみならず，食糧生産の質的量的向上を目指す農業，森林や河川など環境と生態系の保全を目指す環境生態学の観点から見ても大変重要である．

索　引

■ あ 行 ■

アーバスキュラー菌根菌 …………… 221, 243
青色光受容体 ……………………………… 127
秋まき型 …………………………………… 150
秋山康紀 …………………………………… 221
アクアポリン ……………………………… 129
アグロバクテリウム ………………………… 96
アセチル CoA ……………………………… 50
圧流説 ……………………………………… 137
アディコット ……………………………… 209
アデニン …………………………………… 59, 206
アデノシン二リン酸 ………………………… 45
アデノシン三リン酸 ………………………… 44
アブシシン酸 …………… 74, 109, 115, 209
アベナ屈曲テスト ………………………… 190
アポプラスト ………………………… 127, 234
アミノ酸 …………………………………… 54
アミノ糖 …………………………………… 65
アミラーゼ ………………………………… 75
アミロース ………………………………… 63
アミロプラスト …………………………… 160
アミロペクチン …………………………… 63
アラード …………………………………… 83
アラビノガラクタンプロテイン ………… 183
アリストテレス ……………………………… 3
アルミニウム ……………………………… 231
アントシアニン ……………………… 154, 155
暗発芽種子 ………………………………… 124
暗反応 ……………………………………… 30
アンモニア ………………………………… 242

イールディン ……………………………… 183
イオン ……………………………………… 233
イオン透過性 ……………………………… 149
異化 ………………………………………… 43
維管束 ………………………………… 16, 129
維管束鞘 …………………………………… 34
位相 ………………………………………… 103
イソプレン ………………………………… 56
イソペンテニルアデニン ………………… 205
一次細胞壁 ………………………………… 181
一次代謝 …………………………………… 44
遺伝子 ……………………………………… 91
遺伝子改変農作物 …………………………… 9
遺伝子導入 ………………………………… 96
イヌリン …………………………………… 64
イネ馬鹿苗病菌 …………………………… 193

イネ葉身屈曲試験 ………………………… 216
インゲンホウス ……………………………… 3
陰樹 ………………………………………… 18
陰生植物 ……………………………… 18, 42
インドール酢酸 …………………………… 186
イントロン ………………………………… 61
陰葉 …………………………………… 18, 42, 154

ウェアリング ……………………………… 209
上田純一 …………………………………… 217
ヴェヒティング …………………………… 69
ウェント …………………………………… 186
宇宙環境 …………………………………… 161

栄養成長 …………………………………… 79
腋芽の休眠 ………………………………… 223
エキソン …………………………………… 61
液胞 …………………………………… 68, 169
エクステンシン …………………………… 183
エクスパンシン …………………………… 183
エチレン ………………………… 113, 199, 200
エネルギー ……………………………… 11, 42
エネルギー代謝 …………………………… 43
エムデン …………………………………… 47
エムデン・マイヤーホーフ経路 …………… 47
エリシター ………………………………… 167
塩基 ………………………………………… 59
塩基配列 ……………………………… 60, 62
園芸学 ……………………………………… 5
塩生植物 …………………………………… 234
遠赤色光 …………………………… 74, 82, 119
塩分ストレス ……………………………… 234

黄化症状 …………………………………… 228
オーキシン …………… 76, 78, 111, 115, 158, 185
オーキシン結合タンパク質 ……………… 111
黄色カロチノイド ………………………… 156
大熊和彦 …………………………………… 209
おしべ ……………………………………… 70
オゾン ……………………………………… 13
オパイン …………………………………… 97
温度係数 …………………………………… 142
温度傾性 …………………………………… 106

■ か 行 ■

ガーナー …………………………………… 83
開花 ………………………………………… 79
概日リズム ………………………………… 102

解糖系	46	金属過剰ストレス	238
カイネチン	93, 204	グアニン	59
海綿状組織	14	クエン酸回路	46, 49
化学ポテンシャル	175	クチクラ	232
花芽形成	79	クチクラ層	13, 177
花芽誘導	87, 90	クチン	129
拡大成長	170	クック	220
過重力	163	屈性	101, 104
カスタステロン	213	クマリルアルコール	182
カスパリー線	128, 234	クラウンゴール	96
花成ホルモン	87, 91	グラナ	20, 22, 35
カタラーゼ	230	クリサンテミン	155
活性酸素	239, 245	クリノスタット	161
過敏感反応	167	クリプトクローム	83, 117, 127
花粉	70, 96	グリホサート	226
花粉管	70	クリマクテリック	201
ガラクツロン酸	182	グルカナーゼ	183
カリウム	233	グルカン	181
カリウムイオン	108, 235	グルクロノアラビノキシラン	181
仮導管	129	グルコース	22
カリ肥料	229	グルタチオン	229
夏緑樹林	140	グルタミン合成酵素	199
カルシウム	182	クレブス	49
カルス	76, 92, 94, 205, 208	クレブス回路	49
カルビン	30	クローン	6
カルビン回路	31	黒沢英一	193
カルビン・ベンソン回路	31	クロロシス	229
過冷却	147	クロロフィル	23, 58, 229
カロテノイド	156	傾性	101, 105
環状剥皮	90	ケイ素	231
冠水ストレス	134	形態形成	6, 110
気温上昇傾向	138	茎頂分裂組織	76
機械刺激受容体	164	ゲイン	200
器官脱離	210	ケーグル	186
気孔	13, 108, 132	欠乏	228
気孔の開閉	212	ゲノム	21
キシログルカン	182	限界暗期	84, 85
気体の状態方程式	172	原形質体	177
逆行シグナル	21	原形質連絡	129
キャリヤータンパク質	188	限定要因	41
吸エルゴン反応	43	高エネルギーリン酸化合物	45
吸収スペクトル	24	好塩植物	235
吸水成長	68, 169, 191	抗オーキシン	191
吸水力	173	高温適応	144
求頂的	69	光化学系タンパク質複合体	24
求底的	69, 188	光化学反応	29
休眠	72, 73, 210	光合成	5, 11, 39
休眠打破	74, 143	光合成色素	24
共生	243	光子	37
極核	70	光周性	79
極性	69		
極性移動	69, 188		

抗重力反応		163
後熟		201
高親和性カリウム輸送体		235
合成オーキシン		224
光中性発芽種子		124
好熱植物		144
光発芽種子	74,	124
孔辺細胞	16, 108,	132
光飽和点		40
紅葉		154
光量子密度		37
高リン酸エネルギー結合		246
コーチャック		33
ゴートレ		92
呼吸		44
呼吸速度		142
コチレニン		193
コドン		63
コニフェリルアルコール		182
糊粉層		198
コルヒチン		96
コルメラ細胞		160
コロドニー・ウェント説	126,	158
根圧		130
根冠		159
根端分裂組織		76
根毛		128
根粒		243
根粒細菌		243

■ さ 行 ■

サイクリック AMP		109
最適温度		140
サイトカイニン		
76, 78, 93, 109, 114, 204,		223
細胞骨格		170
細胞質表層微小管	65,	163
細胞内共生		22
細胞分裂	67,	169
細胞壁	63, 163, 173,	177
細胞壁の力学的性質		179
細胞膜		171
細胞融合	93,	209
再利用		246
柵状組織		14
避けることのできない弊害		133
ザックス	3,	227
サプレッサー		168
作用スペクトル		82
サリチル酸	90, 168,	220
サルベージ経路		246
酸化的リン酸化	46,	51
三重反応		203

酸性雨	232,	234
酸成長説		192
酸性糖		65
酸性土壌		232
酸素分子		25
シアノバクテリア		22
シアン		52
紫外線		12
自家受精		70
自家不和合性		70
篩管		129
シキミ酸経路		55
脂質二重膜構造		148
ジテルペン		57
シトクロム	51, 52,	58
シトシン		59
シナピルアルコール		182
柴田桂太		4
自発的形態形成		162
篩部	16,	134
篩部液		135
ジベレラン骨格		193
ジベレリン	74, 76, 113, 153,	193
脂肪酸		53
ジャスモン酸	114, 168,	217
ジャスモン酸メチル		217
自由エネルギー		177
重金属		238
重金属ストレス	238,	239
集合反応	23,	127
終止コドン		63
従属栄養生物	5,	43
重複受精		71
就眠運動		107
重力		158
重力屈性	158,	159
重力屈性異常		203
重力受容細胞		159
種子		70
受精		70
春化		150
子葉	71,	75
障害応答		219
条件的 CAM 植物		235
条件的陰生植物		19
硝酸		243
蒸散	130,	132
硝酸還元酵素		230
蒸散流		130
照度		37
情報伝達物質		184
照葉樹林		140

常緑針葉樹	156
常緑針葉樹林	140
食害	220
植物ホルモン	73, 184
植物ホルモン受容体	111
除草剤	224
シンク	136
シンク活性	136, 207
ジンクフィンガー	230
伸長成長	67, 170, 197
伸長部域	67
浸透圧	68, 105, 133, 171, 197
浸透圧調節	229
シンプラスト	127
シンプラスト経路	234
人類	2
水耕法	3, 227
水素イオン	192
水素イオン濃度	234
水分屈性	68, 162
スウォレニン	183
スーター	193
スーパーオキシドジムスターゼ	230
スクーグ	92, 204
ストマジェン	14
ストリゴラクトン	116, 220, 221
ストレス	232
ストレス応答	219
ストロマ	22
スプライシング	61
スベリン	129
住木諭介	193
スラック	33
ゼアキサンチン	117
ゼアチン	204, 205
ゼアチンリボシド	207
精細胞	70
青酸	52
成熟	201
生殖	70
青色光受容体	117
生殖成長	79
生体防御	165
生体膜	148
成長運動	105
成長休止温度	140
成長阻害	219
成長調節物質	184
成長物質	184
成長矮化物質	145
正の屈曲	104

生物時計	7, 102
生理活性物質	184
生理時計	102
赤色光	74, 82, 119
赤色光-遠赤色光可逆性	122
赤色光受容体	117
セスキテルペン	57
絶対温度	173
絶対的陰生植物	19
セルロース	65, 180, 181
セルロース合成装置	65
セルロース微繊維	163, 170
遷移温度変化	149
全形成能	6, 76, 93, 209
センサー色素	118
選択的透過性	233
双子葉植物	71, 129
ソース	136
走性	101, 109
ソシュール	3

■ **た 行** ■

ダーウィン	4, 125, 185
耐塩性	235
耐寒性	147
代謝	42, 43
退色	229
耐性	144
耐凍性	147
耐熱性	144
太陽エネルギー	11
対立遺伝子	95
高橋信孝	193
脱春化	152
脱分化	76, 92
多量元素	228
単為結実	199
炭酸固定	29, 32
炭酸固定回路	18
炭酸同化	11
短日植物	81, 83, 85, 86
単子葉植物	71, 129
担体	233
短長日植物	87
タンパク質	54, 62
地下型	71
致死温度	140
地上型	71
窒素	242
窒素固定	242
チトクローム	230

索　引

チミン	59
チャイラヒヤン	87
チャネル	233
中間植物	87
中性植物	87
中性糖	65
抽だい型	152
柱頭	70
頂芽優勢	78, 207
長日	85
長日植物	81, 82, 83, 85, 86
長短日植物	87
頂端（茎頂）分裂組織	68, 76
チラコイド	20, 22, 35
ツィーシールスキ	159
接ぎ木	89
低温適応	147
抵抗性	147
デオキシリボース	59
デオキシリボ核酸	59
テトラテルペン	57
テトラピロール	25
テルペノイド	194, 214
テルペン	56
電子	24
電子伝達	50
電子伝達系	46
転写因子	112
デンプン	22, 63
デンプン-平衡石説	160
転流	135
伝令RNA	61
ド・フリース	4
同化	43
同化デンプン	22
導管	129
凍結害	147
逃避反応	23, 127
独立栄養生物	5, 42
土壌	231
土壌細菌	96
トランスファー（転移）RNA	61
トリカルボン酸（TCA）回路	49
トリコーム	2440
トリテルペン	57
トリヨード安息香酸	78

な 行

内生リズム	81, 101, 102
内皮細胞	128
内部組織の成長	216
ナギラクトン	75
ナトリウム	233, 234
ナトリウムイオン	235
ナフタレン酢酸	186
ナフチルフタラミン酸	78
ニコチン酸	90
二酸化炭素	11, 17, 39
二次細胞壁	181
二次代謝	44
二重らせん	60
日長	84
ニトロゲナーゼ	242
二倍体	95
ヌクレオチド	59
根肥	229
熱傾性	106
熱ショック因子	145
熱ショックタンパク質	145
ネルジュボウ	200
粘弾性モデル	179
農学	5
農業	3
能動輸送	233
ノブクール	92

は 行

葉	13
ハーゲンシュミット	186
パーティクルガン法	99
バーナリゼーション	150
ハーバーラント	204
胚	70, 93
胚軸	75
ハイドロポニックカルチャー	227
胚乳	70, 198
胚のう	70
胚盤	71
ハイン	179
バクテロイド	243
葉肥	228
発エルゴン反応	44
発芽	75
ハッチ	33
花	70
花肥	229
春まき型	150
伴細胞	135
半数体	95

半透膜……………………………… 68，171	フロリゲン……………………………… 87
半保存的複製………………………………… 60	分化……………………………………… 76
	分化全能性……………… 6，76，93，209
ヒートショックタンパク質……………… 145	文明……………………………………… 2
光屈性………………………………… 125，185	分裂組織………………………………… 67
光形態形成…………………………… 116，117	
光呼吸…………………………………… 32	平衡細胞……………………………… 159
光受容体……………………………… 127	ヘイルズ……………………………… 3
光中断…………………………………… 81	ペクチン……………………… 165，180，182
光の強さ……………………………… 39	ペクチンメチルエステラーゼ………… 183
微小重力……………………………… 161	ヘテロ接合体…………………………… 95
皮層細胞……………………………… 128	ペファー……………………………… 4
肥大成長……………………………… 170	ペプチド結合…………………………… 63
必須元素……………………………… 228	ヘミセルロース…………………… 180，181
ヒドロキシプロリン…………………… 183	ヘモグロビン………………………… 244
ピペコリン酸…………………………… 90	ベンケイソウ型酸代謝………………… 37
非メバロン酸経路……………………… 56	偏差成長……………………… 125，158，190
病害応答……………………………… 219	ペントースリン酸経路………………… 49
病原体………………………………… 164	
表層微小管…………………………… 170	ボイセン・イエンセン………………… 186
表土…………………………………… 124	膨圧………………………… 105，173，178
表皮細胞……………………………… 13	膨圧運動……………………………… 105
微量元素……………………………… 230	芳香族化合物…………………………… 55
肥料の三要素………………………… 229	放射照度……………………………… 37
ピルビン酸……………………………… 47	補酵素A……………………………… 49
ピロール……………………………… 25	補償点………………………………… 40
	補助色素……………………………… 24
ファイトアレキシン…………………… 165	ホモ接合体…………………………… 95
フィコシアニン………………………… 28	ポリアミン……………………………… 90
フィチン酸…………………………… 229	ポリテルペン…………………………… 57
フィトクローム……… 58，74，82，117，119	ポルフィリン…………………………… 58
フィトケラチン……………………… 239	ポンプ………………………………… 233
フィトレメディエーション…………… 239	翻訳…………………………………… 62
フィニー……………………………… 198	
フェニルアラニンアンモニアリアーゼ… 55	■ ま 行 ■
フェルラ酸…………………………… 183	
フォトトロピン……………… 117，126，132	マイェロビッツ………………………… 77
複製……………………………………… 60	埋土種子……………………………… 124
フシコクシン………………………… 193	マイヤーホーフ………………………… 47
物質代謝………………………………… 43	膜脂質………………………………… 148
不定胚…………………………………… 93	マックミラン…………………………… 193
負の屈曲……………………………… 104	マトリックス………………………… 180
ブラシノステロイド…………………… 213	マンダヴァ…………………………… 213
ブラシノライド……………………… 213	
プラズマデズマータ………………… 129	ミクロフィブリル……… 65，170，180，181，197
プラスミド……………………………… 97	実肥…………………………………… 229
プリーストリ…………………………… 3	水ストレス…………………………… 133
フリーラジカル……………………… 245	水チャンネル………………………… 129
プルキンエ……………………………… 3	水の凝集力…………………………… 131
プロトプラスト…………… 93，177，209	水ポテンシャル…………………… 68，175
プロトプラスト法……………………… 99	ミッチェル…………………………… 213
プロトン……………………………… 25	ミトコンドリア……………… 21，32，46
プロトンポンプ……………………… 235	ミュンヒ……………………………… 137
	三好学………………………………… 4

索引

無機イオン……………………… 233
無機栄養素……………………… 227
無機塩類………………………… 233
ムギネ酸………………………… 230

メカノセンサー………………… 164
めしべ…………………………… 70
メチルエステル化……………… 182
メチルエリスリトールリン酸経路……… 194
メバロン酸経路……………… 56, 194

毛状突起………………………… 240
木部…………………………… 16, 130
戻し交配………………………… 95
モノテルペン…………………… 57
モル濃度………………………… 173

■ や 行 ■

葯………………………………… 96
葯培養………………………… 95, 96
藪田貞治郎……………………… 193
山根久一………………………… 217
ヤン……………………………… 201

有色体…………………………… 157
優性遺伝子……………………… 95
輸送体…………………………… 238
輸送タンパク質………………… 237
ユビキチン……………………… 112
ゆるみ…………………………… 179

幼根……………………………… 75
陽子……………………………… 25
溶質濃度………………………… 172
陽樹……………………………… 18
陽生植物…………………… 18, 42
葉脈……………………………… 16
葉面温度………………………… 16
陽葉………………………… 18, 42, 154
葉緑素…………………………… 58
葉緑体……………………… 19, 21, 22, 32
葉緑体光定位運動…………… 23, 126
横田孝雄………………………… 213
四方治五郎……………………… 198

■ ら 行 ■

落葉……………………………… 203
落葉針葉樹……………………… 156
ラミナジョイントテスト……… 216
卵細胞…………………………… 70

リーサム………………………… 204
リービッヒ……………………… 4

リグニン…………………… 180, 182
離層……………………………… 213
離層形成………………………… 219
リブロース二リン酸カルボキシラーゼ／
　オキシゲナーゼ……………… 31
リボース………………………… 61
リボ核酸………………………… 59
リボソーム……………………… 62
リボソーム RNA………………… 61
流動モザイクモデル…………… 149
両日植物………………………… 87
リン酸肥料……………………… 229
リン酸輸送体…………………… 246
リン脂質………………………… 148

ルイセンコ……………………… 151
ルテイン………………………… 24
ルビスコ………………………… 31

冷害……………………………… 147
励起エネルギー………………… 25
レーベンフック………………… 109
レグヘモグロビン……………… 244
劣性遺伝子……………………… 95
レトログレードシグナル……… 21

ロゼット型……………………… 152

■ わ 行 ■

矮性……………………………… 216

■ 数 字 ■

1-アミノシクロプロパン-1-カルボン酸……… 200
2, 4, 5-T………………………… 187
2, 4, 5-トリクロロフェノキシ酢酸……… 187
2, 4-D…………………………… 186
2, 4-ジクロロフェノキシ酢酸…… 186

■ アルファベット ■

ABC モデル……………………… 77
ABCE モデル…………………… 78
ABP1……………………………… 111
ACC……………………………… 200
ADP……………………………… 45
AM 菌…………………………… 221
ATP…………………… 29, 30, 44
ATP アーゼ……………………… 235
ATP 分解酵素…………………… 192
AUX1 タンパク質………… 116, 189
B………………………………… 231
C_3 回路……………………… 18, 33

C_3 植物	34		NPA	78
C_4 回路	34			
C_4 ジカルボン酸回路	33		P	229
C_4 植物	33		PAL	55
Ca	229		Pfr 型	119
CAM	37		pH	234
Cl	230		PIN タンパク質	116, 189
Co	231		Pr 型	119
CoA	50		PYR タンパク質ファミリー	115
COI1 受容体	114			
Cu	230		Q_{10}	142
DELLA タンパク質	113		RNA	59
DNA	59, 96		RNA 合成酵素	61
			RNA ポリメラーゼ	61
EM 経路	47		rRNA	61
ETR1 タンパク質	113		RuBisCO	31
FAD	50		S	229
Fe	230		SAM	200
FT	91		Se	231
			SOD	230
GID1 タンパク質	113		SO_x	110, 232
			S-アデノシルメチオニン	200
IAA	186			
IAM 経路	189		TAM 経路	189
IAOx 経路	189		T-DNA	97
IPA 経路	189		TIBA	78
			TIR1	112
JAZ タンパク質	114		tRNA	61
K	229		UDP-グルコース	65
			UDP-糖	65
MEP 経路	56			
Mg	229		V	231
Mn	230			
Mo	230		XTH	183
mRNA	61			
MVA 経路	56		YUC	189
Na	231		Zn	230
Na^+/H^+ 交換輸送体	235			
NAA	186			

■ **ギリシア文字** ■

α-アミラーゼ	198
β-(1, 3)(1, 4)-グルカン	181
β-カロチン	24
β-酸化	53

NAD	50
NADH	48
NADP	30
Ni	231
NO_x	110, 232

〈編著者紹介〉

山本 良一（やまもと　りょういち）

1972 年	大阪市立大学大学院理学研究科修士課程修了
1972 年	大阪市立大学理学部 助手
1975 年	理学博士
1983 年	帝塚山短期大学 講師
2004 年	帝塚山大学現代生活学部 教授
2008 年	帝塚山大学 学長
2014 年	帝塚山大学 名誉教授

宮本 健助（みやもと　けんすけ）

1987 年	大阪市立大学大学院理学研究科後期博士課程単位取得退学
1987 年	大阪府立大学総合科学部 助手
1988 年	理学博士
1992 年	大阪府立大学総合科学部 講師
1994 年	大阪府立大学総合科学部 助教授
2005 年	大阪府立大学大学院理学系研究科 助教授
2007 年	大阪府立大学総合教育研究機構 教授（理学系研究科教授兼任）
2022 年	大阪公立大学国際基幹教育機構 教授（大阪府立大学と大阪市立大学との統合による名称変更）
2023 年	大阪公立大学 名誉教授

〈著者紹介〉

曽我 康一（そが　こういち）

2000 年	大阪市立大学大学院理学研究科後期博士課程修了 博士（理学）
2000 年	岡山県生物科学総合研究所 流動研究員
2001 年	大阪市立大学大学院理学研究科 助手
2006 年	大阪市立大学大学院理学研究科 講師
2010 年	大阪市立大学大学院理学研究科 准教授
2020 年	大阪市立大学大学院理学研究科 教授
2022 年	大阪公立大学大学院理学研究科 教授（大阪府立大学と大阪市立大学との統合による名称変更）

井上 雅裕（いのうえ　まさひろ）

1986 年	大阪市立大学大学院理学研究科後期博士課程修了 理学博士
1987 年	カリフォルニア大学デイビス客員研究員
1988 年	愛媛大学理学部 助手
1997 年	愛媛大学理学部 助教授
2004 年	愛媛大学理学部 教授
2007 年	愛媛大学大学院理工学研究科 教授
2022 年	愛媛大学 名誉教授

- 本書の内容に関する質問は，オーム社ホームページの「サポート」から，「お問合せ」の「書籍に関するお問合せ」をご参照いただくか，または書状にてオーム社編集局宛にお願いします。お受けできる質問は本書で紹介した内容に限らせていただきます。なお，電話での質問にはお答えできませんので，あらかじめご了承ください。
- 万一，落丁・乱丁の場合は，送料当社負担でお取替えいたします．当社販売課宛にお送りください．
- 本書の一部の複写複製を希望される場合は，本書扉裏を参照してください．

JCOPY ＜出版者著作権管理機構 委託出版物＞

絵とき　植物生理学入門（改訂 3 版）

1998 年 2 月 25 日　第 1 版第 1 刷発行
2007 年 1 月 20 日　改訂 2 版第 1 刷発行
2016 年 10 月 25 日　改訂 3 版第 1 刷発行
2025 年 5 月 15 日　改訂 3 版第 10 刷発行

編 著 者　山本良一
著　　者　曽我康一・宮本健助・井上雅裕
発 行 者　髙田光明
発 行 所　株式会社オーム社
郵便番号 101-8460
東京都千代田区神田錦町 3-1
電話　　　03(3233)0641（代表）
URL　　　https://www.ohmsha.co.jp/

© 山本良一・曽我康一・宮本健助・井上雅裕 2016

印刷・製本　小宮山印刷工業
ISBN978-4-274-21927-6　Printed in Japan